Tópicos tecnológicos,
científicos y **ambientales**

Tópicos tecnológicos, científicos y ambientales

RED DE COLABORACIÓN
DEL INSTITUTO
TECNOLÓGICO SUPERIOR
DE LA SIERRA NORTE DE
PUEBLA Y EL INSTITUTO
TECNOLÓGICO SUPERIOR DE
HUAUCHINANGO

RAFAEL GARRIDO ROSADO
SERGIO HERNÁNDEZ CORONA
JOSÉ ANTONIO APARICIO HERNÁNDEZ

Número de Control de la Biblioteca del Congreso de EE. UU.:		2017918843
ISBN:	Tapa Dura	978-1-5065-2293-7
	Tapa Blanda	978-1-5065-2292-0
	Libro Electrónico	978-1-5065-2291-3

Información de la imprenta disponible en la última página.

Fecha de revisión: 08/12/2017

Para realizar pedidos de este libro, contacte con:
Palibrio
1663 Liberty Drive
Suite 200
Bloomington, IN 47403
Gratis desde EE. UU. al 877.407.5847
Gratis desde México al 01.800.288.2243
Gratis desde España al 900.866.949
Desde otro país al +1.812.671.9757
Fax: 01.812.355.1576
ventas@palibrio.com
769900

ÍNDICE

PRIMERA PARTE

Científicos

Extracción y caracterización de grasa a partir de la trucha arcoíris
(Oncorhynchus mykiss), producida en la región de Zacatlán 3

La importancia de las prácticas profesionales para el ámbito laboral 16

SEGUNDA PARTE

Tecnológicos

Configuración básica de dispositivos de red 29

Mejora en el Aumento de Producción 41

Optimización de un Sistema de Aire Comprimido 56

Implementación de Control a un Sistema Fotovoltaico Aislado 66

TERCERA PARTE

Ambiental

Emplazamiento de una Red Termopluviométrica, Monitoreo y Análisis de
Dos Variables Climáticas en el Noroeste del Municipio de Zacatlán, Puebla 81

Evaluación de erosión hídrica en la microcuenca de Las Lajas del
municipio de Zacatlan, Puebla 102

Impacto Social de los Sistemas de Captación de Agua Pluvial en el ITSSNP 113

Captura de carbono en una plantación de Pinus greggii Engelm,
en Arteaga, Coahuila 145

Abono Orgánico a base de lombricomposta 163

Herbicida Orgánico 178

DIRECTORIO DE AUTORIDADES

MBA. Raúl Espinosa Martínez
Director General
Instituto Tecnológico Superior de la Sierra Norte de Puebla

Lic. Omar Martínez Amador
Director General
Instituto Tecnológico Superior de Huauchinango

MDE. Patricia Rivera Castro
Directora Académica
Instituto Tecnológico Superior de la Sierra Norte de Puebla

Mtra. Patricia Zamora Moreno
Directora de Vinculación y Extensión
Instituto Tecnológico Superior de la Sierra Norte de Puebla

Ing. Armando Torres Cruz
Director Académico
Instituto Tecnológico Superior de Huauchinango

Ing. Oscar Herrera Sampayo
Subdirector de Investigación
Instituto Tecnológico Superior de la Sierra Norte de Puebla

CREDITOS

Instituto Tecnológico Superior de la Sierra Norte de Puebla (ITSSNP) y al Instituto Tecnológico Superior de Huauchinango (ITSH)

CREDITOS A LOS AUTORES PRINCIPALES DE LA OBRA

MIA. Rafael Garrido Rosado
MC. Sergio Hernández Corona
MIA. José Antonio Aparicio Hernández

CREDITOS A LOS AUTORES DE CADA CAPÍTULO

AUTORES	INSTITUCIÓN
Valentina Ramos Perfecto	Instituto Tecnológico Superior de la Sierra Norte de Puebla
Marisol Hidalgo Cortés	Instituto Tecnológico Superior de la Sierra Norte de Puebla
Adrián Torres González	Instituto Tecnológico Superior de la Sierra Norte de Puebla
Felipe Neri Hernández Soto	Instituto Tecnológico Superior de la Sierra Norte de Puebla
Juan Luis Olvera Maldonado	Instituto Tecnológico Superior de la Sierra Norte de Puebla
Shari Maggali Morales Márquez	Instituto Tecnológico Superior de la Sierra Norte de Puebla
Isaac Joaquín Méndez Manzano	Instituto Tecnológico Superior de la Sierra Norte de Puebla
Emanuel Mora Castañeda	Instituto Tecnológico Superior de la Sierra Norte de Puebla
Oroncio Arcadio Hernández Morales	Instituto Tecnológico Superior de la Sierra Norte de Puebla
Emiliano Lazcano Rodríguez	Instituto Tecnológico Superior de la Sierra Norte de Puebla
Elid Silverio Garrido	Instituto Tecnológico Superior de la Sierra Norte de Puebla
Yessica Cortes Domínguez	Instituto Tecnológico Superior de la Sierra Norte de Puebla
Valeria Guadalupe Amador Valdez	Instituto Tecnológico Superior de la Sierra Norte de Puebla
Rebeca Cabrera Cortés	Instituto Tecnológico Superior de la Sierra Norte de Puebla
Jorge Luis Rivera Cruz	Instituto Tecnológico Superior de la Sierra Norte de Puebla

Marcos Sosa Ortega	Instituto Tecnológico Superior de la Sierra Norte de Puebla
Oscar Herrera Sampayo	Instituto Tecnológico Superior de la Sierra Norte de Puebla
Hugo Flores Pérez	Instituto Tecnológico Superior de la Sierra Norte de Puebla
Abraham Morales Tamanis	Instituto Tecnológico Superior de la Sierra Norte de Puebla
Claudia Marina Roldan Vargas	Instituto Tecnológico Superior de la Sierra Norte de Puebla
Edgar Jesús Cruz Solís	Instituto Tecnológico Superior de Huauchinango
Julio Cesar Martínez Hernández	Instituto Tecnológico Superior de Huauchinango
Víctor Villa Barrera	Instituto Tecnológico Superior de Huauchinango
Gregorio Castillo Quiroz	Instituto Tecnológico Superior de Huauchinango
Elisa Gonzaga Licona	Instituto Tecnológico Superior de Huauchinango
Iván Reyes León	Instituto Tecnológico Superior de Huauchinango
Everardo Miguel Díaz	Instituto Tecnológico Superior de la Sierra Norte de Puebla
Izamar García Luna	Instituto Tecnológico Superior de la Sierra Norte de Puebla

PRIMERA PARTE

Científicos

EXTRACCIÓN Y CARACTERIZACIÓN DE GRASA A PARTIR DE LA TRUCHA ARCOÍRIS (*ONCORHYNCHUS MYKISS*), PRODUCIDA EN LA REGIÓN DE ZACATLÁN

Hidalgo Cortés Marisol, Ramos Perfecto
Valentina, Torres González Adrián

Instituto Tecnológico Superior de la Sierra Norte de Puebla. Av. José
Luis Martínez Vázquez, No. 2000, Jicolapa, Zacatlán, Puebla, 73310.
sol12sol.mhc@gmail.com,vrp.itssnp@gmail.com,adrian_tg5@hotmail.com

Resumen

La región de Zacatlán tiene una producción importante de trucha Arcoíris (*Oncorhynchus mykiss*), el objetivo principal del proyecto fue extraer el aceite de trucha Arcoíris (*Oncorhynchus mykiss*) producido en la región, para su caracterización y cuantificación de grasas contenidas. Los depósitos de grasa en los peces pueden estar en los músculos, en la piel y en el revestimiento de la cavidad abdominal; Sin embargo, dentro de la misma especie, el porcentaje de ácidos grasos difiere en virtud de muchos factores, como el sexo, el tamaño, la dieta, la ubicación geográfica, la temperatura del medio ambiente y la estación del año.

Se sabe que el aceite de pescado es rico en ácidos grasos poliinsaturados, tipo Omega 3, que se ha demostrado que juega un papel importante en el mantenimiento de un sistema cardíaco y vascular saludable en los seres humanos.

El aceite se extrajo de la piel y la carne de trucha Arcoíris (*Oncorhynchus mykiss*), el líquido obtenido se filtró y centrifugó para la separación final. Los procesos que se llevaron a cabo para la extracción, cuantificación y caracterización de grasa, son: Método Soxhlet, la cromatografía de gases y la Espectrometria de masas. Dichos análisis se realizaron en el CUVyT de la BUAP. Para la identificación y/o caracterización de los ácidos grasos Omega 3 y 6 se realizó de aceite extraido (9.30 g/kg).

También se realizaron pruebas de pH obteniendo un parámetro de 6.53 en promedio, de la misma forma se elaboraron pruebas proximales obteniendo 75.8 % de humedad y 1.46 % de cenizas.

Palabras clave

Palabras clave: Aceite, Trucha Arcoíris, Ácidos Grasos Poliinsaturados, Cuantificación, Caracterización

Abstract

The Zacatlán region has an important production of rainbow trout (Oncorhynchus mykiss), the main objective of the project was to extract the rainbow trout oil (Oncorhynchus mykiss) produced in the region, for its characterization and quantification of contained fats. The deposits of fat in the fish can be in the abdominal area, in the skin and in the lining of the abdominal cavity; However, within the same species, the percentage of fatty acids differs in many factors, such as sex, size, diet, geographical location, temperature of the environment and season of the year.

It is known that fish oil is rich in polyunsaturated fatty acids, type Omega 3, which has an important role in maintaining a healthy cardiac and vascular system in humans.

The processes that were carried out for the extraction, quantification and characterization of fat, are: Soxhlet Method, Gas Chromatography and Mass Spectrometry. These analyzes were carried out in the CUVyT (BUAP). For the identification and / or characterization of the Omega 3 and 6 fatty acids, extracted oil was made (9.30 g / kg).

PH tests were also performed obtaining a parameter of 6.53 on average, in the same way proximal tests were made obtaining 75.8% humidity and 1.46% ash.

Keywords

Oil, Rainbow trout, Polyunsaturated fatty acids, Quantification, Characterization

Introducción

Las truchas son peces que pertenecen a la subfamilia de los Salomoninae que corresponde a la familia de los salmónidos. Entre las especies más importantes se encuentran la trucha marrón (*Salmo trutta*), la trucha dorada (*Oncorhynchus aguabonita*) y la trucha arcoíris (*Oncorhynchus mykiss*). El hábitat de las truchas por lo general se encuentra en aguas frías y dulces de ríos y lagos. Sin embargo, algunas de ellas pasan su vida adulta en los océanos y regresan a desovar a las aguas dulces, este comportamiento se puede observar en la trucha marrón, en la trucha arcoíris y también en el salmón. Las truchas se alimentan de invertebrados como lombrices, crustáceos, aunque las de mayor tamaño, como la trucha marrón, depredan peces pequeños (Hernández, 2016).

La producción de trucha arcoíris en el Estado de Puebla en los últimos 10 años tuvo un incremento del 78.26%. En el periodo de 2000-2008 se logró obtener una producción promedio de trucha arcoíris de 819.66 toneladas.experiencias de producción de trucha en Chignahuapan, Zacatlán, Huauchinango, Tlahuapan, Tianguismanalco y Atlixco o la producción de mojarra en Epatlán, Tehuitzingo, Totoltepec, San Miguel Ixtlán e Izúcar De Matamoros, señalan que el pescado es hoy lo más eficiente desde el punto de vista productivo para el aprovechamiento del agua. La Unión Regional de Acuicultores de Zacatlán y Huauchinango empezaron en la producción de truchas en estanques y hoy cuentan con expendios en la carretera Zacatlán- Huauchinango con una tendencia creciente (Sánchez, 2011).

Los peces de aguas frías, como el salmón (*Oncorhynchus kisutch*; la trucha arcoíris (*Oncorhynchus mykiss*); diversos crustáceos, algas, así como las semillas de lino (*Linum usitatissium*), aceite de soya (*Glycine max*), semillas de chia (*Salvia hispanica*) y calabaza (*Cucurbita maxima*) y las hojas de los vegetales son fuentes importantes de ácidos grasos insaturados esenciales especialmente de la serie omega-3 y omega-6, cuyos precursores son los ácidos grasos poliinsaturados linoleico (AL: 18: 2n6) y α-linolénico (AAL: 18: 3n3).

Estos ácidos grasos AL y AAL no pueden ser sintetizados por los humanos y la dieta es su única fuente; por este motivo son considerados esenciales. El AAL es aportado principalmente por el consumo de pescado, aceite de canola, aceite de soya y nueces. El AL también se encuentra en aceites vegetales, margarinas, carnes magras y huevos. Los principales derivados del omega-3 son los ácidos eicosapentaenoico (EPA 20:5 n-3) y docosahexaenoico (DHA 22:6 n-3). En la vía omega-6 el más importante es el ácido araquidónico (AA 20:4 n-6). A diferencia de otras especies animales, los humanos poseen una limitada capacidad para producir EPA y DHA, lo que ocasiona que la principal fuente sea nutricional (Burgos, *et al.*, 2005).

Todos los alimentos, cualquiera que sea el método de industrialización a que hayan sido sometidos, contienen agua en mayor o menor proporción. Las cifras de contenido en agua varían entre un 60 y un 95% en los alimentos naturales. En los tejidos vegetales y animales, puede decirse que existe en dos formas generales: "agua libre" y "agua ligada". El agua libre o absorbida, que es la forma predominante, se libera con gran facilidad. El agua ligada se halla combinada o absorbida. Se encuentra en los alimentos como agua de cristalización (en los hidratos) o ligada a las proteínas y a las moléculas de sacáridos y absorbida sobre la superficie de las partículas coloidales (Departamento de Alimentos y Biotecnología, 2008); es por ello que uno de los parámetros que se determinó en la muestra de piel-carne fue el porcentaje de humedad por medio de una estufa de convección forzada basándose en la pérdida de peso de la muestra por evaporación del agua. Posteriormente su realizo el pesado de la muestra.

Un análisis fisicoquímico que también se llevó acabo es el porcentaje de cenizas en muestra de Trucha arcoíris (*Oncorhynchus mykiss*). Las cenizas de un alimento son un término analítico equivalente al residuo inorgánico que queda después de calcinar la materia orgánica. Las cenizas normalmente, no son las mismas sustancias inorgánicas presentes en el alimento original, debido a las perdidas por volatilización o a las interacciones químicas entre los constituyentes (Departamento de Alimentos y Biotecnología, 2008).

El método de soxhlet fue llevado a cabo para la extracción de aceites en la muestra de Trucha arcoirirs (*Oncorhynchus mykiss*). Es una extracción semicontinua con disolvente donde una cantidad de disolvente rodea la muestra y se calienta a ebullición, una vez que dentro del Soxhlet el líquido condensado llega a cierto nivel es sifoneado de regreso al matraz de ebullición, la grasa se mide por pérdida de peso de la muestra o por cantidad de muestra removida (Departamento de Alimentos y Biotecnología, 2008).

Para la Caracterización y cuantificación del extracto etéreo de Trucha arcoíris (*Oncorhynchus mykiss*) se utilizo un Cromatografo de gases por espectrometría de masas con Detector de ionización de llama. Los espectros de masas suministran información sobre la estrcutura de especies moleculares complejas, las relaciones isotópicas de los átomos en las muestras, y la composición cualitativa y cuantitativa de analitos orgánicos e inorgánicos en muestras complejas (Jaén, 2017).

Es por ello que el objetivo de este trabajo de investigación fue lograr la Extracción y caracterización de grasa a partir de la trucha arcoíris (*Oncorhynchus mykiss*), producida en la región de Zacatlán; y mediante este proyecto impulsar la importancia de los nutrientes que son importantes en la constitución de este producto alimenticio.

Metodología

Obtención y pretratamiento de la muestra

La Trucha arcoíris (*Oncorhynchus mykiss*) se obtuvo del Criadero "BRECUM" ubicado en la localidad de Hueyapan, Zacatlán Puebla. Posteriormente se procedio a separar las vísceras de la piel y carne para analizarlos por separado.

Pruebas fisicoquímicas

Se determinó el porcentaje (%) de humedad mediante el método de estufa de secado; el porcentaje de minerales mediante el uso de mufla y se determinó el pH utilizando un potenciómetro y papel tornasol, todo de acuerdo con la Asociación de Químicos Analíticos Oficiales (AOAC, 1997).

Extracción de grasa en Trucha arcoíris (*Oncorhynchus mykiss*)

Se pesó la muestra de piel-carne de trucha arcoíris (*Oncorhynchus mykiss*) y se colocó en el matraz bola fondo plano (previamente a peso constante), posteriormente se le añadió el éter de petróleo, se aplicó temperatura y con ello se empezó a evaporar el solvente, ascendiendo los vapores por el tubo lateral, se condensó en el refrigerante y cayó sobre la muestra (colocada en un dedal de celulosa); el disolvente se fue acumulando hasta que su nivel sobrepasó el tubo sifón, el cual se accionó y transfirió el solvente cargado de materia grasa al matraz bola fondo plano; nuevamente el solvente volvió a calentarse y evaporarse, ascendiendo por el tubo lateral quedando depositado el extracto etéreo en el recipiente colector, el ciclo de extracción duró aproximadamente 6 h (lavado de la muestra). Finalmente se recuperó el solvente y se utilizó una estufa de secado para evaporar por completo dicho solvente (65 °C/24 h) hasta peso constante y se realizaron los cálculos necesarios utilizando la fórmula siguiente:

$$\% \text{ Grasa} = \frac{\text{Peso del matraz con grasa-Peso del matraz solo}}{\text{gramos de muestra}} * 100$$

Caracterización y cuantificación del extracto etéreo de Trucha arcoíris (Oncorhynchus mykiss)

Para realizar la caracterización de las muestras de aceite obtenidas en la extracción de Trucha arcoíris (*Oncorhynchus mykiss*) se enviaron las muestras al Centro Universitario de Vinculación y Transferencia de Tecnología de la BUAP, en el cual utilizaron un Cromatógrafo de Gases CG-3800 acoplado a un espectrómetro de masas, y con ello se identificó el perfil de ácidos grasos totales por GC-FID. La cromatografía separó, identificó y cuantificó los componentes presentes en las muestras de grasa. Los solutos se separaron en base a la distinta velocidad de desplazamiento al ser arrastrados por la fase móvil a través del lecho cromatográfico que contenía la fase estacionaria (sólida o líquida). La muestra de grasa se disolvió en la fase móvil y se hizo pasar a través de la fase estacionaria que se mantuvo fija en una columna y/o sobre una superficie plana.

Resultados y discusión

La Trucha Arcoíris *(Oncorhynchus mykiss)* **Figura 1.** producida en la región de Zacatlán analizada arrojó datos fiscoquimicos asi como su contenido de ácidos grasos.

Figura 1. Producción de la Trucha Arcoíris (*Oncorhynchus mykiss*), de la región de Zacatlán.

Determinación de pH

Los resultados obtenidos de prueba de pH en la carne de la trucha arcoíris *(Oncorhynchus mykiss)* mostrados en la Tabla 1. Los valores presentes en el resultado de pH indican una relación con (García, Núñez, Chacon, Alfaro, & Martín, 2004) que menciona los siguientes parámetros de pH en trucha arcoíris; 6.78, 6.82, 6.56 respectivamente.

Muestras	pH
1	6.5
2	6.7
3	6.4
Promedio:	6.53

Tabla.1 Resultados de prueba de pH en carne de trucha.

Determinación de Cenizas

En la tabla 2 se muestran los valores obtenidos en el porcentaje de Ceniza en la carne de trucha arco iris *(Oncorhynchus mykiss)*. (Izquierdo, Gabriel, Barboza, & Allara, 2000) realizaron un estudio de dos tipos de trucha (silvestre y en cautiverio) indican valores de Ceniza de 1.33% y 1.69%.

Por otra parte (García, Núñez, Chacon, Alfaro, & Martín, 2004) y (Mamani, 2014) indica valores de 1.20%, 1.29%, 1.50% y 1.28% quien realizó el estudio de la calidad de canal y carne *(oncorhynchus mykiss)*.

MUESTRAS	% Ceniza
1	1.32
2	1.65
3	1.43
Promedio:	1.46%

Tabla. 2 Resultados determinación de ceniza.

Determicación de Humedad

En la 3 tabla se muestran los valores obtenidos en la determinación del porcentaje de humedad en la carne de trucha arcoiris. *(Oncorhynchus mykiss)*. Los parámetros de (García, Núñez, Chacon, Alfaro, & Martín, 2004) para porcentaje de humedad son 73.29%, 74.0%, 74.94% y 76.02% que indican una relación con los resultados obtenidos en la determinación de humedad.

72,93 ± 0,3%

MUESTRAS	%Humedad
1	75.1%
2	75.4%
3	77.1%
Promedio:	**75.8%**

Tabla. 3 Resultados determinación de humedad.

Caracterización y cuantificación del extracto etéreo de Trucha arcoíris (*Oncorhynchus mykiss*)

En la **figura 2** Cromatograma de gases de la muestra de Trucha Acoiris se puede observar la respuesta del detector en función del tiempo en donde nuestro componente desconocido se separó.

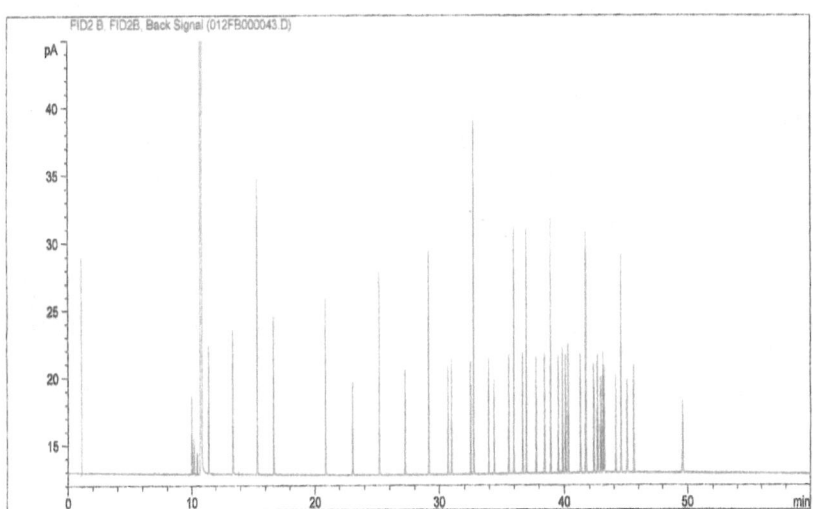

Figura 2. Cromatograma de gases de la muestra de Trucha Arcoíris (*Oncorhynchus mykiss*), de la región de Zacatlán.

En la tabla 4 se muestra el reporte de la composición de ácidos grasos en la trucha arcoiris *(Oncorhynchus mykiss)* de acuerdo al análisis por CG-FID.

Se observó que la trucha en general se caracteriza por tener ácidos grasos de cadena larga (18 carbonos), ricos en dobles enlaces y poliinsaturados. De acuerdo a (Burgos y col, 2008) su importancia radica en que los ácidos grasos poliinsaturados linoleico (AL: 18:2n6) y α-linolénico (AAL: 18:3n3), precursores de las familias omega-6 y omega-3, respectivamente.

Estos ácidos grasos AL y AAL no pueden ser sintetizados por los humanos y la dieta es su única fuente; por este motivo son considerados esenciales. El AAL es aportado principalmente por el consumo de pescado, aceite de canola, aceite de soya y nueces.

Analitos	Núme-ro de Lote	(CAS) Número de Registro	Pureza Croma-tográfica%	Concentra-ción gravimé-trica certifi-cada (μg/ml)	Incerti-dumbre Ampliada (μg/ml)	Concentra-ción Analí-tica (μg/ml)
Methyl butyrate	LC07315	623-45-7	99.9	399.6	±30	420.8
Methyl hexanoate	LC02577	106-70-7	99.9	399.6	±27	410.3
Internal Standard	N/A	N/A	N/A	N/A	N/A	N/A
Methyloctanoate	LB97319	111-11-5	99.9	399.6	±26	412.5
Methy l decanoate	LC04160	110-42-9	99.9	399.6	±24	403.7
Methy l undecanoate	LC03679	1731-86-8	99.9	199.8	±13	205.5
Methy l laurate	LB97659	111-82-0	99.9	399.7	±26	417.6
Methy l tridecanoate	LC02846	1731-88-0	98.7	197.5	±13	204.0
Methy l tetradecanoate	LC16280	124-10-7	99.9	399.6	±25	410.4
Myristoleic Acid Methyl Ester	LB96087	56219-06-8	99.6	199.3	±13	206.8
Methy l pentadecanoate	LC02852	7132-64-1	99.9	199.8	±13	204.3
cis-l0-Pentadecenoic acid methyl ester	LC14326	90176-52-6	99	198.1	±13	207.1
Methy l palmitate	LC02625	112-39-0	99.9	599.5	±39	624.6
Methy l Palmitoleate	LC05477	1120-25-8	99.9	199.8	±12	200.5
Methy l heptadecanoate	LC05285	1731-92-6	99.6	199.2	±8.2	164.4
cis-l0-Heptadecenoic acid methyl ester	LC04717	75190-82-8	99.9	199.9	±13	204.7
Methy l octadecanoate	LB97274	112-61-8	99.9	399.6	±25	408.7
trans-9-Elaidic acid methyl ester	LC15380	1937-62-8	99.9	199.9	±13	200.5
cis-9-01eic acid methyl ester	LC02936	112-62-9	99.9	399.7	±26	412.9
Linolelaidic acid methyl ester	LC15670	2566-97-4	99.9	199.9	±12	197.4
Methy l Linoleate	LC06225	112-63-0	98.9	197.9	±13	208.5
Methy l Arachidate	LC05925	1120-28-1	99.9	399.7	±26	411.6

gamma-Linolenic acid methyl ester	LC06942	16326-32-2	99.9	199.8	±13	207.4
Methy l cis-ll-eicosenoate	LC13359	2390-09-2	99.6	199.2	±13	202.5
Methy l Linolenate	LC03119	301-00-8	99.9	199.8	±13	209.0
Methy l heneicosanoate	LC03443	6064-90-0	99.9	199.9	±13	206.0
cis-ll, 14-Eicosadienoic acid Methy l ester	LC13790	2463-02-7	99.9	199.9	±13	207.3
Methy l docosanoate	LC03090	929-77-1	99.7	398.8	±26	411.0
cis-8, 11, 14-Eicosatrienoic acid methy l ester	LC11925	21061-10-9	99.9	199.8	±13	208.7
Methyl Erucate	LB99614	1120-34-9	99.9	199.8	±13	205.1
cis-l1,14,17- Eicosatrienoic acid methyl ester	LB94324	55682-88-7	96.8	193.6	±14	184.9
Methyl tricosanoate	LC06065	2433-97-8	99.6	199.2	±13	206.0
Methyl cis-5,8,11,14- Eicosatetraenoic	LC15184	2566-89-4	99.9	199.9	±14	216.7
cis-13-16- Docosadienoic acid methyl ester (22:2	LC06471	61012-47-3	99.9	199.8	±11	184.5
Methyllignocerate	LC07615	2442-49-1	99.9	399.6	±28	428.3
Methyl cis-5, 8, 11, 14, 17- Eicosapentaenoate	LCI0715	2734-47-6	99.9	199.8	±13	200.0
Methyl Nervonate	LC03085	2733-88-2	99.9	199.8	±14	207.0
AH cis-4, 7, 10, 13, 16, 19- Docosahexaenoate	LC06943	2566-90-7	99.9	199.8	±14	207.8

Tabla. 4 Resultados de la caracterización y cuatificación de los acidos grasos en la Trucha Arcoiris (Oncorhynchus mykiss).

Agradecimiento

Los autores agradecen al área de Ingeniería en Industrias Alimentarias del Instituto Tecnológico Superior de la Sierra Norte de Puebla por las facilidades prestadas para el desarrollo de la presente investigación.

Conclusiones

La importancia de analizar el contenido de los nutrientes asi como características fisicoquímicas de la Trucha Arcoiris *(Oncorhynchus mykiss)* producida en la región de Zacatlán lleva consigo un compromiso para denotar la relevancia de este producto que está siendo explotado en difentes lugares de la Sierra Norte de Puebla.

Existe una importante concentración de ácidos grasos poliinsaturados desde el punto de vista nutricional y que da impulso y respaldo a este producto para su consumo.

Estos resultados sobre los nutrientes lipídicos en la Trucha Arcoiris dan pie a la alternativa de estudio sobre el aporte de macronutrientes llevando consigo la promoción de efectos beneficos dentro del consumo alimenticio.

Referencias

Burgos, Á., Imuez, M., & Perdomo, D. (5). CONTENIDO DE ACIDOS GRASOS ESENCIALES EN TRUCHA ARCO IRIS (Oncorhynchus mykiss) COMO FUENTE POTENCIAL PARA NUTRICION HUMANA. *REVISTA CENTRO DE ESTUDIOS EN SALUD, 1*(10), 131-138.

Departamento de Alimentos y Biotecnología, F. D. (2008). *FUNDAMENTOS Y TECNICAS DE ANÁLISIS DE ALIMENTOS.* Obtenido de http://depa.fquim.unam.mx/amyd/archivero/ FUNDAMENTOSYTECNICASDEANALISISDEALIMENTOS_12286.pdf

García, J., Núñez, F., Chacon, O., Alfaro, R., & Martín, E. (2004). Calidad de canal y carne de trucha arco iris, Oncorhynchus mykiss Richardson, producida en el noroeste del Estado de Chihuahua. *SCielo*.

Jaén, U. d. (2017). Introduccion a la espectometria de masas y sus aplicaciones en el análisis ambiental. España.

Sánchez Pérez. Luis Antonio. (2011) Organización de productores para la producción de la trucha arcoíris (Oncorhynchus mykiss), una estrategia de desarrollo rural en la Sierra Nevada De Puebla.

Hernández, L. C. (2016). Perfil De Ácidos Grasos De La Carne De Trucha Arcoiris Despues De Su Cocción Al Vapor Y Los Beneficios De Su

Consumo A La Salud. *XIKUA Boletín Científico de la Escuela Superior de Tlahuelilpan, Vol.* 4 (Núm. 8).

Izquierdo, P., Gabriel, T., Barboza, Y. M., & Allara, M. (2000). Análisis proximal, perfil de ácidos grasos, aminoácidos esenciales ycontenido de minerales en doce especies de pescado de importancia comercial en Venezuela. *SCielo.*

Mamani, M. (2014). ANÁLISIS BROMATOLÓGICO DE LA CANAL DE TRUCHA ARCO IRIS (ONCORHYNCHUS MYKISS) PRODUCIDAS CON ALIMENTO FRESCO Y BALANCEADO EN JAULAS FLOTANTES, CHUCUITO-2014. *REVISTA DE INVESTIGACIONES DE LA ESCUELA DE POSGRADO.*

LA IMPORTANCIA DE LAS PRÁCTICAS PROFESIONALES PARA EL ÁMBITO LABORAL

Roldán Vargas Claudia Marina

Instituto Tecnológico Superior de la Sierra Norte de Puebla
claudiamrv130684@hotmail.com

RESUMEN

El objetivo de este trabajo es reiterar la importancia de las prácticas profesionales para el desempeño laboral, ya que es ahí donde los alumnos ponen en práctica sus conocimientos teóricos y les permite obtener competencias que les permitirá integrarse con mayor facilidad al campo productivo. Por tal motivo las instituciones educativas de nivel superior están desarrollando nuevos planes que permitan un mejor desarrollo del estudiante tanto personal como profesionalmente ya que el verdadero trabajo de dichas instituciones es ayudar a tener una mayor conciencia y responsabilidad del estudiante como parte de una sociedad.

Las prácticas profesionales se han convertido sin lugar a duda en el vínculo entre un estudiante de aula y la realidad profesional, sin embargo también es importante la relación que se fortalece entre las empresas y organizaciones con las instituciones educativas, ya que con esta relación se puede monitorear que capacidades y habilidades está exigiendo la sociedad, permitiendo tener un currículo actualizado y a la vanguardia.

PALABRAS CLAVE: Educación, Estadías, Estudiantes, Institución, Prácticas profesionales.

ABSTRACT

The objective of this work is to reiterate the importance of professional practices for work performance, since that is where students put their theoretical knowledge into practice and allows them to obtain skills that will allow them to integrate more easily into the productive field. For this reason the higher education institutions are developing new plans that allow a better development of the student both personally and professionally since the real work of these institutions is to help to have a greater awareness and responsibility of the student as part of a society.

Professional practices have undoubtedly become the link between a student's classroom and professional reality, however it is also important the relationship that is strengthened between companies and organizations with educational institutions, because with this relationship can be monitor what skills and abilities society is demanding, allowing for an up-to-date and up-to-date curriculum.

Keywords: Education, Stay, Students, Institution, Professional practices

INTRODUCCIÓN

En el contexto de las prácticas profesionales, el problema universitario ha focalizado el interés de investigadores educativos y sociales, en general en los últimos años. Dentro de este campo, el tema de la formación de los estudiantes universitarios en su profesión se debe fortalecer ciertas áreas académicas que ayuden al estudiante a practicar sus competencias desarrolladas dentro de su universidad.

Actualmente los problemas que afronta las universidades en este milenio se enmarcan prioritariamente en una situación de doble desafío: la sociedad que refuerza sus exigencias de formación de profesionales en función de un mercado laboral restringido, y un estado que disminuye crecientemente sus políticas de financiamiento en educación (Santos, 1998), por otro lado se suma la heterogeneidad de las características del estudiantado en cuanto a su origen socioeconómico cultural, la diversidad programática de la oferta, los desafíos de la sociedad del conocimiento y las nuevas tecnologías de la información, factores que impactan sobre la Institución y en especial sobre los procesos que se desarrollan en el aula universitaria.

Las Prácticas Profesionales son una manera de vincular al estudiante universitario con la vida laboral aplicando los conocimientos adquiridos durante la carrera profesional y así contribuir a su formación académica. Para algunas

Instituciones de la localidad realizar las prácticas profesionales es un requisito de titulación lo que representa una amplia gama de oportunidades para sus alumnos.

Para esta investigación, la validez de las interpretaciones estuvo determinada por el proceso de triangulación. La misma se llevó a cabo a través de varias fuentes, métodos de recolección de datos y teorías. Esto permite ampliar y aclarar los constructos desarrollados y corregir o eliminar los sesgos que pudieran emerger por parte de la teoría implícita del investigador. La triangulación permite la confirmación necesaria y aumentar el crédito de la interpretación y demostrar lo común de un aserto (Stake, 1995).

METODOLOGÍA

Las prácticas profesionales son un servicio que brinda la oportunidad de participar como practicante en organizaciones laborales de distintos giros y tamaños desde micro y pequeñas empresas hasta trasnacionales, privadas, públicas o asociaciones civiles, que tienen como objetivo que el estudiante conozca las áreas laborales de la carrera y al mismo tiempo se desarrolle un antecedente en el trabajo para su carrera profesional, que a su vez trae beneficios como adquirir experiencia profesional en la carrera y desarrollará aprendizajes complementarios a los del aula, conocer diferentes puestos de trabajo, experimentar la responsabilidad profesional y la posibilidad de tener acceso a diversas tecnologías (ITESSO, 2011).

Las prácticas profesionales permiten integrar al alumno en la realidad de una profesión concreta permitiéndole conocer las aplicaciones del aprendizaje, más o menos teóricas, estudiadas en el aula, pero más allá le permite conocer y a veces integrarse en la cultura profesional de una empresa concreta con objetivos y medios orientados a fines distintos a la enseñanza.

Comprender que la práctica profesional tiene elementos dinamizadores y determinantes que le dan sentido, lógica práctica y una configuración a la formación inicial universitaria, representa toda una tarea que invita a dejar a un lado sus concepciones para entender la realidad desde otra óptica donde se han caracterizado por buscar siempre la objetividad y la cientificidad curricular. (Delgado, 2011).

El realizar una práctica profesional en donde un asesor le guie y acompañe en la búsqueda de estrategias, de soluciones y toma de decisiones es importante debido a que con eso asegura una buena práctica que traerá ventajas para todos, tanto al alumno como a la empresa u organización en donde la realice.

Para las empresas esta fórmula les permite entre otros aspectos disponer de unos recursos humanos mejor calificados y mejor adaptados a sus necesidades y en ocasiones las estancias en prácticas constituyen una herramienta eficaz de selección de personal dentro del proceso de reclutamiento, en un contexto real del universitario y potencial candidato, el cual trae beneficios relevantes para la organización básicamente de desempeño de alto nivel o nivel profesional con el beneficio económico directo para la empresa al obtener un trabajo calificado con el mínimo costo y el desarrollo de prácticas y técnicas profesionales con la eficiencia resultante de la alta capacitación que reciben los estudiantes de alguna carrera. (Nava, 2006).

Pero sin lugar a dudas el que obtiene más beneficios es el alumno, estas prácticas profesionales le permiten romper el círculo vicioso en el que se encuentran al carecer de realidad y experiencia profesional y de la percepción del mercado de trabajo. Y en algunos casos los alumnos pueden percibir una ayuda económica durante su periodo de prácticas. (IDDEC, 2011).

Los alumnos podrán iniciar su carrera profesional que presupone un desarrollo profesional gradual y la ocupación de puestos cada vez más altos y complejos. El desarrollo de la carrera es un proceso formal que sigue una secuencia en la planeación de la carrera futura de los trabajadores (Chiavenato, 2009). Los alumnos en la práctica profesional tendrán que analizar cada uno de los elementos que componen la realidad, buscan alternativas y dan soluciones a problemas concretos (Universidad de los Llanos, 2012, p. 2)

También los alumnos reciben entrenamiento y capacitación que tiene como objeto el desarrollo y mejoramiento de la habilidad relacionada con el desempeño, que dan como resultado un aumento en el la producción, la reducción de la rotación de personal y mayor satisfacción por parte de los mismos, debido a que en estos entrenamientos les imparten conocimientos, enseñan oficios y modifican actitudes para adoptar nuevas tecnologías que buscan las empresas. Barbier (2011) define la practica evocando los diferentes procesos que se ponen en marcha, particularmente el proceso operativo, del orden de lo observable y de lo material así como el proceso ideal, del orden de los gestos mentales y de las representaciones, en un sentido similar Beillerot (2000) define la práctica como integrada por una doble dimensión, la primera constituida de gestos, de lenguajes utilizados y la segunda, de los objetivos, estrategias e ideologías vinculadas, por lo consiguiente, las prácticas profesionales representan maneras de hacer pero también maneras de decir, de ver el mundo y de verse a sí mismo.

Las prácticas profesionales también son consideradas como un espacio-tiempo en el que se deben conjugar los saberes de las distintas áreas a los fines de entender de manera perceptible, contextual, concreta, ampliar e integral los fenómenos y situaciones de la realidad laboral y de resolver problemas prácticos a partir del propio escenario de actuación, lo cual permitirá que este espacio de aprendizaje favorezca el desarrollo de solidas competencias intelectuales, cognitivas, afectivas, psicomotoras, éticas, sociales y prácticas que le permitan al futuro profesionista aplicar sus conocimientos adquiridos en el aula y contar con la relevancia de los aprendizajes en los ámbitos personal, institucional, profesional y social (Delgado, 2011).

Es importante recalcar que la práctica profesional también es un medio para la socialización de tal forma que le permita la construcción de la identidad profesional, por tal motivo la preocupación de las universidades de propiciar la planificación y ejecución de diseños curricular en los cuales la práctica profesional sea una verdadera inmersión de los estudiantes en la práctica laboral desde el comienzo de la carrera y en secuencia de complejidad y progresiva independencia del estudiante (Fernández, 2004) en el cual aprenda y aplique de manera permanente estos valores. Es a través de los procesos de socialización que se puede construir, reconstruir, compartir y aprender a utilizar los conocimientos, intercambiar los saberes en la experiencia y asumir el código ético del alumno.

Otro punto importante por mencionar es que las prácticas profesionales también son medios para aprender a conocer, convivir, hacer, ser y crear estrategias de manera funcional, ya que estas prácticas deben permitir el aprendizaje continuo de saberes prácticos que estén vinculados con el saber (conocer), saber ser, saber vivir (convivir) y saber emprender los diferentes contextos de actuación (social, institucional y espacio de aplicación). Los cuales pueden ser sometidos a la confiabilidad y triangulación de las fuentes referenciales (teóricas, metodológicas y humanas).

Así mismo, propiciar los procesos de acción y experiencias en los cuales se compartan los valores, los saberes y esquemas cognitivos afectivos favorables de actuación y de procesos autorreflexivos que coadyuven a la autorregulación personal y profesional, con incidencia en lo colectivo. Lo cual obliga al estudiante a aplicar lo que en teoría aprendió y aplicar como un proceso de conciencia social y profesional. Ello conlleva a gestionar, impulsar y tomar decisiones en la acción y sobre la acción que ameriten el uso de estrategias adecuadas considerando las consecuencias, la indeterminación, el error, la causalidad, entre otros.

Tenemos que estar al pendiente de que la práctica profesional es la puerta de entrada a las necesidades, exigencias y requerimientos de nuestras empresas, es un espacio de regulación del currículo desde el nivel micro para un ajuste y mejoramiento curricular de los procesos y dinámicas globales y de los procedimientos académicos y administrativos. A través de la práctica profesional se puede evaluar el currículo y su administración sobre la base de las competencias desarrolladas o adquiridas en los módulos o proyectos formativos que deben ser puestas en práctica. También es cierto no todas las actividades aportan el mismo tipo de experiencias ni son valoradas de la misma manera por los estudiantes. (Planas y Enciso, 2013).

CONCLUSIÓN

La investigación permite darnos cuenta que las prácticas profesionales son el complemento del aprendizaje teórico, dota al alumno de vivencias dentro del mundo laboral de manera que le es posible aplicar sus conocimientos adquiridos y valorar, por medio de la experiencia, lo que hasta entonces solo había aprendido en la teoría, por lo anterior el aprendizaje debe ser considerado como un proceso integral y una carrera profesional no es la excepción.

Se han mencionado varios de los beneficios que el alumno adquiere al realizar sus prácticas profesionales pero dichos beneficios en conjunto o de manera individual conlleva a un beneficio mayor que debe ser prioridad de las instituciones de nivel superior, preparar a sus alumnos para que puedan ejercer, una vez egresados, ya sea como un empleador o mediante el establecimiento de un negocio propio y según el alumnado que ha realizado prácticas profesionales en la mayor parte de los casos les ha ayudado a conseguir empleo y más allá de eso, sino también a la responsabilidad que le implica la búsqueda de soluciones a los problemas que agobian a la sociedad, está comprobado que quienes han hecho algún tipo de prácticas profesionales o trabajaron durante su estudios en una ocupación media o alta relación con la carrera que estudiaban se les facilito su proceso de inserción profesional. (Navarro, 2013).

La verdadera tarea de la escuela superior es el desarrollo creador de las mejores facultades personales y el trabajo consiste en ayudar a tener una conciencia realista del estudiante como participante útil en la sociedad (Hernández, 2006). Esto concuerda con Grubb y Lazerson, (2005): Edvardsson y Gaio, (2010); Comisión Europea, (2011); Conferencia de Ministros Europeos Responsables de Educación, (2009): Castañares et al., (2012).

REFERENCIAS

Baillerot, J. (2000) L'analyse des pratiques professionnelles: pourquoi cette expression. En C. Blanchard-Laville, D. Fablet (Eds), Analyser les practiques professionnelles (pp. 21-28) Paris: Armand Colin.

Barbier, J. M. (2011) Savoirs theoriques et savoirs d'action. Paris: Presses universitaires de France.

Castañares et al. (2012) Inclusión con responsabilidad social. Una nueva generación de políticas de educación superior, México. ANUIES.

Ceroni Galloso, Mario; (2007). Las prácticas preprofesionales. **Revista de la Sociedad Química del Perú,** Abril-Junio, 64-65.

Chiavenato, I. (2009) Gestión de Talento Humano. México, D.F: Mc Graw Hill

Delgado, R. (2011) La Práctica Profesional: eje de la formación inicial universitaria. Una aproximación conceptual. Papel Mimeografiado. Caracas: Autor.

Grubb, W.N. y M. Lazerson (2005), "Vocationalism in higher education: the triumph of the educational gospel" en The Journal of Higher Education, vol 76, num. 1.

Edvarsson, E. A. Gaio (2010) "Higher education and employability of graduates: will Bologna make a difference?", en European Educational Research Journal, vol. 9, pp 32-44.

Hernández, M. G., Niño, L. M. (2006) Psicología y Desarrollo Profesional. México, D.F: CECSA

IDEC-Universidad Pompeu Fabra (2011) Recuperado el 21 de febrero de 2011de http://www.idec.upf.edu7practicas-profesionales-ventajas-participantes

ITESO (2011) Recuperado el 21 de febrero de 2011, de http://portal iteso.mx/portal/page/portal/Dependencias/Rectoria/Dependencias/ Direccion de Integracion Comunitaria/Dependencias/CUE/Bolsa de Trabajo/Universitarios/Practicas Profesionales

Nava, M.M. (2006) Universidad de Sonora. Recuperado el 21 de febrero de 2011 de http://www.dcea.uson.mx/page id=28

Navarro, J. (2013), "Universidad y mercado de trabajo en Cataluña: un análisis de la inserción aboral de los titulados universitarios". Tesis doctoral, Departamento e Sociología Universidad Autónoma de Barcelona.

Planas, Coli, Jordi y Enciso Ávila, Isabel María, (2013). "Los estudiantes que trabajan ¿tiene valor profesional el trabajo durante los estudios?", en Revista Iberoamericana de Educación Superior (RIES), México, UNAM-IISUE/Universidad, vol. V, núm.12, pp. 23-45.

Universidad de los Llanos (2012). Resolución 036 de 2012. Reglamento de la práctica profesional docente. Escuela de Artes y Humanidades. Vellavicencio: Facultad Ciencias Humanas y de la Educación.

SEGUNDA PARTE

Tecnológicos

CONFIGURACIÓN BÁSICA DE DISPOSITIVOS DE RED

Hernández Morales Oroncio A., Silverio Garrido
Elid, Lazcano Rodríguez Emiliano.

Instituto Tecnológico Superior de la Sierra Norte de Puebla.
oroncioa@gmail.com,pingosilver29@hotmail.com,emiliano.lr85@gmail.com.

Resumen

Configuración Básica de Dispositivos de Red

En la actualidad los cambios en el ámbito informático se dan de forma vertiginosa, por lo que todos debemos estar preparados para fortalecer las habilidades para crear y administrar redes de datos que contemplen el análisis de la problemática, el diseño, selección, instalación, pruebas y mantenimiento, para la correcta operación de equipos de cómputo interconectados entre sí, con la finalidad de poder transferir información a grandes distancias, aprovechando los avances tecnológicos, como el Internet de las Cosas. Los especialistas en redes, deben adquirir las habilidades para administrar los recursos computacionales a través del uso de las redes virtuales, así como, realizar el diagnóstico de fallas comunes y dar solución en la configuración de software y hardware asociados a las redes virtuales (VLAN). También, es necesario estar preparados para identificar y describir los componentes necesarios para la operación de una red de área local inalámbrica y realizar su configuración básica. Además de, saber configurar un ruteador a nivel básico y aplicar direccionamiento a través de una interfaz de línea de comandos, configurar y administrar protocolos de enrutamiento estáticos y dinámicos, como RIP y OSPF, para optimizar la administración de los recursos de una red de comunicaciones.

Hoy en día existen millones de dispositivos conectados a la Internet, y se espera que para el 2020 existan más de 50 millones, por lo que es necesario, tener todos los conocimientos técnicos para implementar servicios de redes de calidad, y así las empresas puedan realizar transacciones con la seguridad de que sus datos no van a ser interceptados por hackers, sin lugar a duda, son grandes retos que están por venir, pero hoy en día, todo es posible en el ámbito informático.

Este capítulo proporciona las prácticas necesarias para que puedan desarrollar las competencias necesarias para dar solución a la problemática que exista en la comunicación entre redes.

Palabras clave: redes, configuración, router, switch, IP, interface.

Abstract

Basic Configuration of Network Devices
At present the changes in the computer field occur in a dizzying way, so we must all be prepared to strengthen the skills to create and manage data networks that contemplate the analysis of the problem, design, selection, installation, testing and maintenance, for the correct operation of computer equipment interconnected with each other, in order to be able to transfer information over long distances, taking advantage of technological advances, such as the Internet of Things. Network specialists must acquire the skills to manage computational resources through the use of virtual networks, as well as diagnose common faults and provide solutions in the configuration of software and hardware associated with virtual networks (VLANs). Also, it is necessary to be prepared to identify and describe the necessary components for the operation of a wireless local area network and perform its basic configuration. Besides, knowing how to configure a router at a basic level and apply addressing through a command line interface, configure and manage static and dynamic routing protocols, such as RIP and OSPF, to optimize the management of the resources of a communications network.

Today there are millions of devices connected to the Internet, and it is expected that by 2020 there are more than 50 million, so it is necessary to have all the technical knowledge to implement quality network services, and so companies can perform transactions with the security that your data will not be intercepted by hackers, without a doubt, they are great challenges that are to come, but nowadays, everything is possible in the computer field.

This chapter provides the necessary practices so that they can develop the necessary competences to solve the problems that exist in the communication between networks.

Keywords: networks, configuration, router, switch, IP, interface.

Introducción

Hoy en día ha tomado gran importancia el área de telecomunicaciones y actualmente está atendiendo diversas áreas de nuestro entorno, por ejemplo la comunicación móvil, a través de los satélites, la redes WiMAX, donde los gobiernos a través de esta tecnología hacen llegar diversos servicios a las comunidades más apartadas a una distancia aproximada de 70 Kilometros, como: Servicios Médicos, Teletrabajo, e Internet, entre otros, a bajo costo, así como, las redes locales e inalámbricas que permiten la conexión de grandes cantidades de computadoras simultáneamente, ofreciendo servicios de Intranet, principalmente. Para ello es necesario y pertinente, realizar un análisis de los aspectos que se deben considerar para establecer una comunicación y administración adecuada entre los elementos que conforman las redes de comunicaciones, es importante considerar aspectos de heterogeneidad, seguridad, métodos de interconexión, para proporcionar las herramientas que permitan integrar conocimientos que se aplican en un ambiente telecomunicaciones.

Realizar la instalación de redes de computadoras complejas requiere de amplios conocimientos; es necesario tener cierto grado de especialización para poder atender las problemáticas de comunicación que se presentan y de esta manera, dar solución de forma rápida y óptima a las necesidades de los usuarios, lo que significa que la red debe de estar disponible el mayor tiempo posible (Herrera, 2004).

La comunicación en el mundo hoy en día está basado a través de las redes de computadoras, si no se instalan, configuran y administran apropiadamente bajo normas y estándares internacionales, no se garantiza su correcta operación y funcionamiento, por lo tanto puede ocasionar perdidas económicas y la no disponibilidad de servicios, principalmente. Actualmente existen millones de dispositivos conectados a la Internet, y se espera que para el 2020 existan más de 50 millones, por lo que es necesario, tener todos los conocimientos técnicos para implementar servicios de redes de calidad.

Desarrollo

Práctica. Configuración básica de un router

Caracterización de la práctica

Es posible que los usuarios comunes no estén al tanto de la presencia de numerosos routers en su propia red o en Internet. Los usuarios esperan poder acceder a las páginas Web, enviar mensajes de correo electrónico y descargar música, ya sea si el servidor al que están accediendo está en su propia red o en otra red del otro lado del mundo. Sin embargo, los profesionales de los sistemas de redes saben que el router es el responsable del reenvío de paquetes de red a red, desde el origen al destino final. Un router conecta múltiples redes. Esto significa que tiene varias interfaces, cada una de las cuales pertenece a una red IP diferente. Cuando un router recibe un paquete IP en una interfaz, determina qué interfaz usar para reenviar el paquete hacia su destino. La interfaz que usa el router para reenviar el paquete puede ser la red del destino final del paquete (la red con la dirección IP de destino de este paquete), o puede ser una red conectada a otro router que se usa para llegar a la red de destino.

Objetivo de la Práctica

Realizar la configuración básica de un router con la finalidad de obtener conectividad de capa 3.

Metodología

El estudiante aplicará lo aprendido durante la clase, a situaciones que se enfrentará en la Práctica profesional, una vez que se incorpore al sector productivo, por lo que deberá tener los conocimientos, la habilidad y destreza, para la elección de los dispositivos correctos a utilizar en la instalación de una red LAN, MAN o WAN.

Mediante la observación y la práctica, realizar la configuración de un router:

1) Agregar el dispositivo.
2) Ingresar al dispositivo.
3) Configurar el router.

Material a utilizar:

1) Windows 7, 10 o Linux.
2) Routers.
3) Packet Tracer.

Desarrollo de la práctica o pasos a seguir:

1) Ingrese al modo EXEC privilegiado.
2) Ingrese el modo de configuración global.
3) Configure el nombre del router como R1.
4) Deshabilite la búsqueda de DNS.
5) Configure la contraseña de modo EXEC.
6) Configure un mensaje del día.
7) Configure la contraseña de consola en el router.
8) Configure la contraseña para las líneas de terminal virtual.
9) Configure la interfaz FastEthernet0/0.
10) Configure la interfaz Serial0/0/0.
11) Regrese al modo EXEC privilegiado.
12) Guarde la configuración de R1.
13) Realice el mismo proceso para el R2.

Producto a obtener de la Práctica

Un reporte de la práctica, realizando un análisis de los datos citados. Además, de un archivo con extensión .pkt de la simulación realizada en el software Packet Tracer.

Solución a la Práctica. Configuración básica de un router

Procedimiento:

1. Ingrese al Packet Tracer.

2. Localice los dispositivos a instalar.
3. Arrastre los dispositivos al espacio de trabajo y represente el diagrama de topología de la **Imagen 1.**, (Academia de Networking de Cisco System, 2004).

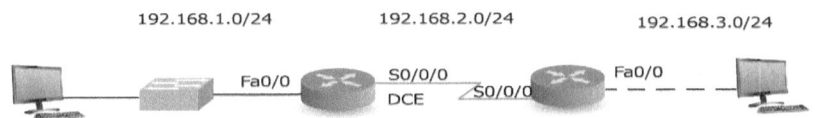

Imagen 1. *Diagrama de topología.*

4. El direccionamiento a utilizar lo podemos identificar en la **Tabla 1,** (Academia de Networking de Cisco System, 2004).

Tabla 1. Tabla de direccionamiento.

Dispositivo	Interfaz	Dirección IP	Máscara de subred	Gateway predeterminado
R1	Fa0/0	192.168.1.1	255.255.255.0	N/C
	S0/0/0	192.168.2.1	255.255.255.0	N/C
R2	Fa0/0	192.168.3.1	255.255.255.0	N/C
	S0/0/0	192.168.2.2	255.255.255.0	N/C
PC1	N/C	192.168.1.10	255.255.255.0	192.168.1.1
PC2	N/C	192.168.3.10	255.255.255.0	192.168.3.1

5. Realice el diagrama de red en Packet Tracer.
6. Conecte el router R1 al switch S1.
   Utilice un cable directo de Ethernet para conectar de forma correcta las interfaces adecuadas.
7. Conecte la PC1 al switch S1.
   Utilice un cable directo de Ethernet para conectar de forma correcta las interfaces adecuadas.
8. Conecte la PC2 al router R2.

Utilice un cable directo de Ethernet para conectar de forma correcta las interfaces adecuadas.

9. A continuación debemos conectar el enlace serial entre ambos routers R1 y R2.

   Utilice un cable DCE-DTE para conectar de forma correcta las interfaces seriales adecuadas. Conecte de izquierda a derecha conforme a la **Figura 1**.

10. Borre la configuración, aunque estamos utilizando el simulador es importante saber este proceso, lo podemos realizar a través del siguiente comando:

    Router#**erase startup-config**

    Erasing the nvram filesystem will remove all files! Continue? [confirm]

    [OK]

    Erase of nvram: complete

    Router#

11. Reiniciar el router.

    Lo podemos realizar a través del siguiente comando: **reload**.

12. Configure el nombre del router como R1.

    Ingrese el comando **hostname R1** en el indicador.

    Router(config)#**hostname R1**

    R1(config)#

13. Es posible deshabilitar la búsqueda de DNS, para que no trate de resolver los nombres, aplique el comando no ip domain-lookup.

    R1(config)#**no ip domain-lookup**

    R1(config)#

14. El siguiente paso consiste en configurar una contraseña de Modo EXEC.

    Lo podemos realizar a través del siguiente comando:

    enable secret *password (clase)*.

    Aplique **clase** para *password*.

    R1(config)#**enable secret clase**

    R1(config)#

15. ¿Cómo eliminar la contraseña implementada a través de enable password?

    Aplique el siguiente comando:

    R1(config)#**no enable password**

R1(config)#

16. Posteriormente debemos configurar la contraseña de consola en el router.

    Aplique el siguiente comando:

    R1(config)#**line console 0**

    R1(config-line)#**password practica**

    R1(config-line)#**login**

    R1(config-line)#**exit**

    R1(config)#

17. Configure la contraseña para las sesiones **Telnet**.

    Utilice los siguientes comandos:

    R1(config)#**line vty 0 4**

    R1(config-line)#**password practica**

    R1(config-line)#**login**

    R1(config-line)#**exit**

    R1(config)#

18. Finalmente llegamos al proceso de configurar la interfaz FastEthernet 0/0.

    Utilice los siguientes comandos:

    R1(config)#**interface fastethernet 0/0**

    R1(config-if)#**ip address 192.168.1.1 255.255.255.0**

    R1(config-if)#**no shutdown**

19. A continuación debemos configurar la interfaz serial0/0/0.

    Utilice los siguientes comandos:

    R1(config)#**interface serial 0/0/0**

    R1(config-if)#**ip address 192.168.2.1 255.255.255.0**

    R1(config-if)#**clock rate 64000**

    R1(config-if)#**no shutdown**

    R1(config-if)#

    Es importante observar que la interfaz no se activará hasta que se configure y active la interfaz serial en R2.

20. Una vez terminada la configuración de R1, se debe de guardar.

    Utilice los siguientes comandos:

    R1#**copy running-config startup-config**

    Building configuration...

    [OK]

    R1#

21. El siguiente paso es realizar la configuración básica del router R2.
22. Para realizar el proceso en R2, haga los pasos 10 al 20, con la información correspondiente.
23. A continuación debemos configurar la interfaz serial0/0/0.
    R2(config)#**interface serial 0/0/0**
    R2(config-if)#**ip address 192.168.2.2 255.255.255.0**
    R2(config-if)#**no shutdown**
    Nota: Como ya se configuró la interfaz del otro extremo se levantan las interfaces.
24. Finalmente llegamos al proceso de configurar la interfaz FastEthernet 0/0.
    R2(config-if)#**interface fastethernet 0/0**
    R2(config-if)#**ip address 192.168.3.1 255.255.255.0**
    R2(config-if)#**no shutdown**
    R2(config-if)#
25. Es muy importante guardar la configuración activa de R2.
    R2#**copy running-config startup-config**
    Building configuration...
    [OK]
    R2#

3. Metodología

El desarrollo de la práctica está basado en la metodología tradicional secuencial.

Las etapas son las siguientes:

1) **Análisis de requerimientos**. Se identifican las necesidades a cubrir con el desarrollo del procedimiento.
2) **Diseño.** Se realiza la topología de la red a implementar.
3) **Implementación y puesta en marcha.** Se realiza el desarrollo de la práctica a detalle, con la finalidad de que el lector pueda seguir el procedimiento y alcance los resultados esperados.
4) **Pruebas.** Se realizan las pruebas básicas con la finalidad de obtener los resultados planteados.

5) **Documentación.** Al finalizar la práctica se obtendrá un archivo en Packet Tracer, que podrá ubicar en la carpeta u ruta que desee.

4. Resultados y discusión

Los resultados obtenidos fueron los esperados acorde al planteamiento realizado, respecto al apartado de análisis se identificó la necesidad de interconectar dos routers, dos switches, y dos computadoras con la finalidad de lograr una correcta conexión. Posteriormente se realizó la topología que sirve como guía o mapa para identificar todas las interfaces que se deben conectar. En la siguiente etapa se configuró de forma apropiada cada dispositivo en el simulador, lo que permitió que se diera la comunicación de forma eficiente. También se realizaron pruebas de conectividad de capa 3 respecto al modelo OSI, logrando la comunicación exitosa entre todos los dispositivos que integran la red. Finalmente se obtuvo un archivo en Packet Tracer como resultado de la configuración en el simulador. De 10 pings enviados 9 fueron exitosos y uno fallido.

5. Agradecimiento

Se agradece al ITSSNP por el apoyo brindado.

6. Conclusiones

Estas prácticas permiten a nuestros lectores, adquirir los conocimientos y habilidades en el área de redes de computadoras para instalar, configurar, administrar los dispositivos de telecomunicaciones con la finalidad de realizar un uso óptimo de los recursos computacionales y de telecomunicaciones.

Cada una de las prácticas proporciona un procedimiento general, así como, la solución de manera detallada, información que permite a nuestros lectores, tomar la decisión en tiempo y forma, respecto a la administración de dispositivos de capa 2 y 3 del modelo OSI, en beneficio de la transferencia de información de las empresas.

7. Referencias

Academia de networking de Cisco System. 2004. Guía del primer año. Tercera edición. Editorial Pearson, 1016 páginas.

Academia de networking de Cisco System. 2004. Guía del segundo año. Tercera edición. Editorial Pearson, 994 páginas.

Academia de networking de Cisco System. 2004. Prácticas de laboratorio CCNA 3 y 4. Tercera edición. Editorial Pearson, 327 páginas.

Herrera, Pérez, Enrique, 2004. Tecnología y redes de transmisión de datos. Primera edición Editorial Limusa S.A. de C.V., 312 páginas.

Purserm, Michael. 2000. Redes de Telecomunicación y Ordenadores. Primera edición. Ediciones Díaz de Santos S.A., 296 páginas.

S. Tanenbaum. Andrew., 2003. Redes de computadoras. Cuarta Edición. Editorial Mc Graw Hill, 914 páginas.

Stalling, William., 2004. Comunicaciones y redes de computadores. Séptima Edición. Editorial Pearson Educación, 904 páginas.

Raya, José Luis., Raya Cristina. 2000. Redes Locales. Alfaomega/ra-ma. Ra-Ma Computec.

Olifer, Natalia., Olifer Victor. 2009. Redes de computadoras. Mc Graw Hill México, páginas 576.

Configuración básica de dispositivos de red - Manual Completo

https://drive.google.com/drive/folders/1K8bie8tXEX1gJHA9xF931Jw5k tqC33MB?usp=sharing

MEJORA EN EL AUMENTO DE PRODUCCIÓN

Amador Valeria, Cabrera Rebeca, Cortes Yessica.
Instituto Tecnologico Superior de la Sierra Norte de Puebla.

vale_mateo-13@hotmail.com, rebe_96@outlook.
com, yessi.c.d@hotmail.com,

Resumen

Mejora en el Aumento de Producción.

El objetivo de este proyecto es el diseñar una mejora para reducir tiempos de ocio y aumentar la producción en la empresa Sidrera "San Rafael".

Sidrera "San Rafael" es una microempresa ubicada en la ciudad de Zacatlán, Puebla la cual elabora una diversidad de productos de fruta de temporada. El proceso de esta empresa es un 70% de forma manual lo cual provoca que su producción de refrescos de manzana de 325 ml por día sea limitada y no pueda cumplir con sus clientes, ni expandirse a más mercados, es por eso que está buscando nuevas propuestas para aumentar su producción. En este proyecto se presenta una propuesta de mejora la cual es la elaboración de un diseño con la ayuda de un software (ProModel) y reducir tiempos de ocio y aumentos de producción, busca evitar al máximo los cuellos de botellas y lograr reducir bloqueos en los tiempos de producción, esto con el propósito de aumentar más ganancias en cuanto a sus ventas demandadas. Este diseño será de gran ayuda ya que se hará una comparación del proceso actual con los procesos de producción propuestos en 8 y 9 horas los cuales están basados en la disminución de tiempos de operación para eliminar tiempos de ocio y tiempos muertos.

Con el manejo del software a utilizar, llevar a cabo la redistribucion de planta de la empresa para que las actividades que realiza cada operador sean más continuas.

De esta forma llevar a cabo la aplicación de la herramienta que se utiliza (Lean Manufacturing) teniendo en cuenta la definición de flujo continuo.

Con estas propuestas ayudará a que el flujo del proceso sea continuo y de esta manera mejorar la productividad del proceso de fabricación de refresco de 325ml.

Palabras clave: Producción, Aumento, Propuesta, Mejora, Diseño.

Abstract

Improvement in the Production Increase.

The objective of this project is to design an improvement to reduce leisure time and increase production in the company Sidrera "San Rafael".

Sidrera "San Rafael" is a small business located in the city of Zacatlán, Puebla which produces a variety of seasonal fruit products. The process of this company is 70% of manual form which causes that its production of soft drinks of apple of 325 ml per day is limited and can not meet its clients, nor expand to more markets, that is why it is looking for new proposals to increase your production. This project presents a proposal for improvement which is the development of a design with the help of software (ProModel) and reduce leisure time and production increases, seeks to avoid bottlenecks as much as possible and achieve a reduction in bottlenecks. Production times, this with the purpose of increasing more profits in terms of sales demanded. This design will be of great help since it will make a comparison of the current process with the production processes proposed in 8 and 9 hours which are based on the reduction of operating times to eliminate leisure time and downtime.

With the management of the software to be used, carry out the redistribution of the company's plant so that the activities carried out by each operator are more continuous.

In this way carry out the application of the tool that is used (Lean Manufacturing) taking into account the definition of continuous flow

With these proposals, it will help the process flow to be continuous and in this way improve the productivity of the 325ml soft drink manufacturing process.

Keywords: Production, Increase, Proposal, Improvement, Design.

Introducción

La industria de vinatería y licorerías en la ciudad de Zacatlán, Puebla cada vez va aumetando y desarrollando nuevos tecnologías que favorecen a la población y también al estado de Puebla ya que se tienen datos del INEGI que el estado de Puebla hace una **aportación al PIB Nacional** del 3.2%. Obteniendo el lugar noveno en la lista de los estados con las mejores aportaciones de PIB

Sumado a esto, se tienen cifras de crecimiento de turismo del sector que llegan a un 1.75% del territorio nacional. Y **de exportaciones que representan un 4.2%** del total de las exportaciones del país demuestran que este sector es uno de los más importantes para la economía de Zacatlán.

Dichos datos representan un gran impacto en cuanto al turismo que se presenta durante el transcurso del año, y año con año aumentan más las visitas que recibe Zacatlán, ya que se aumentan las ventas cuando son épocas de visitas de turismo en la ciudad.

Puesto en este contexto, las empresas Zacatecas que se encuentran dentro del sector vinatero deben fortalecer sus operaciones y mejorar su productividad para enfrentar a los posibles competidores extranjeros que surjan, debido a iniciativas gubernamentales que puedan crearse. Pero la mayoría de las empresas de este sector que están definidas como Pymes corren con la desventaja de no poseer una excelente capacidad financiera para invertir en nuevos recursos y apalancar inversión que les permitan expandir su negocio.

Este es el caso de la empresa Sidrera "San Rafael" que fue fundada en el año 1927 y funciona bajo la modalidad de elaboración y envasado, la cual cuenta con clientes de gran prestigio dentro de la distribución municipal tales como abarrotes "Morales", abarrotes "Alba", abarrotes "Moralitos" y pequeños negocios de distribución ya que cuenta con 12 trabajadores, tiene una restricción financiera para expandir su negocio y debe buscar mecanismos económicos y eficientes para mejorar sus operaciones y actividades de producción.

Con el propósito de reducir costos de mano de obra y maquinaria, mejorar los procesos y eliminar los desperdicios, se propone utilizar la metodología de Lean Manufacturing la cual es un conjunto de varias herramientas que permiten eliminar todas las operaciones que no le agregan valor al producto, servicio y a los procesos, aumentando el valor de cada actividad realizada y eliminando lo que no se requiere. También se pretende utilizar el software ProModel que es el más usado en el mercado. Cuenta con herramientas de análisis y diseño que, unidas a la animación de los modelos bajo estudio, permiten al analista conocer mejor el problema y alcanzar resultados más confiables respecto de las decisiones a tomar. Con estos dos métodos se pretende aumentar la satisfacción de los clientes y alcanzar una mayor productividad.

Metodología

El tipo de estudio del cual es este proyecto es cuantitativo ya que se buscará determinar cuanta producción diaria hay en la empresa sidrera "San Rafael" y buscar cómo puede aumentar su capacidad de producción por medio de la herramienta de Lean Manufacturing la cual es la de flujo continuo, de igual manera un estudio de tiempos que serán probados en una simulación en el software ProModel.

La metodología que se pretende implementar para que se haga una mejora en la empresa sidrera "San Rafael" se describirá a continuación paso a paso:

>**Paso 1.-** Investigación de toda la información referente a la teoría y filosofía sobre la metodología Lean Manufacuring y sus herramientas, estudio de tiempos y simulación en software. Además de la búsqueda de proyectos referentes a esos temas que fueran aplicados y desarrollados exitosamente.

>**Paso 2.-** .Análisis y estudio de la empresa enfocado a su proceso de fabricación de refrescos de 325ml desde la entrada de materia prima, el proceso de llenado, hasta

la salida de producto terminado, teniendo en cuenta su ambiente de trabajo, recursos humanos y materiales.

Paso 3.- Análisis y diagnóstico del proceso de producción de refrescos para la determinación de las fallas que pueden estar ocasionando la baja producción de refrescos de 325 ml.

Paso 4.- Determinación de la herramienta Lean Manufacturing más adecuada a aplicar enfocada en el aumento de producción. Esté paso también involucra la búsqueda de un software (ProModel) para diseñar el proceso actual de la producción de refrescos de 325 ml y utilizarlo para la determinación de la propuesta de mejora.

Paso 5.- Determinar un estudio de tiempos de todas las actividades realizadas por cada uno de los operadores y diseñar el proceso de producción actual de llenado de refresco de 325ml por medio del un software (ProModel).

Paso 6.- Analizar la simulación del proceso actual y determinar la producción por día. Plantear la propuesta de mejora por medio de la herramienta Lean Manufacturing para la eliminación de los desperdicios de tiempos identificados y el rediseño del proceso de producción en el software (ProModel) para obtener un aumento de producción de refrescos de 325ml.

Los seis pasos propuestos en la metodólogia del proyecto son guía del desarrollo la cual se estarán llevando acabo.

Los dos primeros pasos de este proyecto han sido destinados al marco referencial ya que van dirigidos a la recolección de información teórica que se estará utilizando para el desarrollo del proyecto. Los cuatro pasos restantes se basan en el desarrollo del proyecto desde el análisis de la empresa y su proceso hasta la propuesta de mejora para el aumento de producción de sus refrescos. Esta etapa engloba la informacion teórica de los 2 pasos mencionados anteriormente y las herramientas que solucionarán el problema de la baja producción de refrescos de 325ml.

Resultados y discusión

Descripcion del Proceso:

El proceso de producción consta de 3 fases las cuales se describen a continuación:

1. Recepción de botella, lavado y su enjuagado:

La botella sucia es almacenada cuando se hace su recepción, enseguida las botellas que están almacenadas son transportadas por medio de costales que constan de 100 piezas cada uno, al área de lavado y enjuagado, una vez finalizado el traslado, las botellas sucias se colocan en una tina de lavado de las cuales se encarga el operador para ir lavando cada una de las botellas y estas son transportadas a la tina en la cual se enjuagan y una vez enjuagadas son transportadas y colocadas en taras con capacidad de 50 botellas cada una, estas taras son transportadas al almacén de botella limpia y quedan ahí a espera de ser utilizadas.

El número de recursos los cuales realizan las actividades en esta etapa son 3 en forma promedio ya que a veces por la necesidad de botella limpia operadores ajenos de la actividad, ayuda para que se realice la actividad más rápido y puedan proveerse de botella suficiente, entonces esto quiere decir que el número de recursos depende de la necesidad que se tenga en el área de llenado.

2. Llenado de botella y sellado:

En esta área se trasladan las botellas limpias desde el almacén en el que se encuentran hacia el área de llenado, una vez trasladada la tara se colocan las botellas vacías en la máquina y el operador debe colocar las botellas una por una ya que la máquina como es manual solo tiene capacidad de 6 botellas para ser llenadas a la vez, una vez colocadas se realiza una presión a las botellas la cual se realiza para que se llenen de refresco y terminado el llenado se saca, se colocan en una mesa que está a su lado, las botellas son sacadas una a la vez y se dejan a que el gas que contiene el refresco se disminuya. Una vez terminado esta operación otro operador toma las botellas y las checa en forma de tanteo visual para revisar si su cantidad de refresco es el adecuado, si le falta coloca refresco con un embudo, si le sobra le quita refresco y lo coloca en un vaso. Al terminar este paso se colocan las botellas de refresco a la máquina de sellado y se le coloca una corcho lata a la boquilla de la botella, a la máquina se le jala una palanca la cual hace presión a la corcho lata y la prensa a la boquilla de la botella y la sella. Terminado este paso se colocan en la tina en la cual se almacena el refresco.

3. Etiquetado y empaquetado:

En esta área la botella que está en la tina se transporta al área de etiquetado, se coloca en una mesa y el operador coloca las etiquetas en la máquina y coloca 12 botellas alrededor de la máquina, la prende y empieza a etiquetar una por una, estas las va colocando en la mesa que está a su lado una vez terminado de etiquetar las 12 botellas apaga la máquina, vuelve a repetir la operación, una vez obtenidas las 24 botellas etiquetadas el operador coloca las botellas en las cajas para ser empaquetadas, por consiguiente son trasladadas al almacén de producto terminado, almacenadas, una vez que se llene el almacén son sacadas y cargadas en camionetas que se encargan de distribuir el producto terminado.

Diagnóstico del proceso por medio de la simulación en el software Pro Model

Simulación en Pro Model

El modelo de simulación del proceso ayuda a determinar cómo están trabajando tanto los operarios, como la distribución de la planta. Este modelo tuvo como objetivo visualizar como se está trabajando en Sidrera "San Rafael" en cuanto a la producción de refresco de 325 ml ya que es el más demandado y más en épocas de turismo. Además de que se pueda comprender más y saber cuánta producción se obtiene en realidad, es necesario la realización de un diseño digital. Para comprender mejor la parte operacional del proceso de producción, determinar los tiempos, niveles de inventario y la producción por día se propuso la realización de una simulación por medio de un software llamado ProModel. La construcción del modelo se realizó con una metodología la cual se presenta a continuación:

Construcción y explicación del modelo de la producción original:

Para la elaboración y construcción del modelo se utilizaron 13 locaciones, 7 entidades y la definición del proceso y los tiempos. Las locaciones fueron utilizadas en gran mayoría para las estaciones de trabajo pero también como referentes a almacenes, es decir a espacios en los cuales se colocaban los productos por un tiempo.

Análisis del modelo de producción actual:

Se analizó el modelo diseñado del proceso actual de la planta para determinar las fallas en las cuales son necesarias mejorar para que la producción aumentara significativamente. El análisis arrojó que el problema está en que un 70% de las actividades son realizadas de forma manual y eso produce un retraso en todas las áreas. De ahí viene la propuesta de que se coloquen las máquinas más actualizadas y en el área de lavado de botellas se les de mantenimiento a las máquinas de lavado que requieren mano de obra que no están ocupando y pueden agilizar el lavado de botella ya que en este proceso la botella en realidad no viene sucia pero si es necesario darle un lavado por si contienen algunas basuras o polvo ya que antes de llegar a la empresa hacen un recorrido. El modelo propuesto busca poder determinar cuanta producción se podrá realizar con la implementación de maquinarias más automáticas y como se puede balancear la producción para que no haya tiempos perdidos en cada una de las actividades realizadas para la producción de refresco.

Modelo propuesto en el software ProModel para la producción de refrescos de 325ml.

El modelo de simulación de un proceso nos ayuda a determinar cómo están trabajando tanto los operarios, como la distribución de la planta. Este tipo de modelos nos ayudan a visualizar el proceso sin molestar a los operarios cuando están realizando sus actividades. Este modelo tuvo como objetivo visualizar como se está trabajando en la sidrera "San Rafael" la cual se encarga de producir una variedad de productos hechos de forma manual debido a la alta demanda la cual se ha producido los últimos años ha tenido que buscar como poder aumentar su producción y es ahí la propuesta que se quiere implementar en este proyecto, el cual se encargó del modelo del proceso de producción del refresco de 325ml. La propuesta de mejora se realizó en un nuevo diseño teniendo en cuenta como la empresa tiene que crecer tanto en su producción como en su diseño de planta y maquinaria, se tuvo que buscar la solución más viable y aunque puede resultar caro en cuanto a su inversión pero tendrá grandes beneficios a largo plazo para la empresa.

Recolección de información para el rediseño del proceso de producción:

Para poder realizar la simulación del nuevo proceso se tiene que tener en cuenta el tipo de maquinaria la cual remplazaría a la actual, la determinación de operarios en cada una de las áreas y también los tiempos de operación de estas máquinas para poder determinar estos tiempos. Como la empresa ya cuenta con esa maquinaria que no está en función se hicieron pruebas de cuanto tardaban las máquinas de lavado y la máquina de llenado automática y de acuerdo a esos tiempos nos basamos para la realización del nuevo modelo.

Construcción y diseño del modelo de simulación en ProModel de la producción de refresco de 325ml:

En esta fase se procede a la construcción del diseño de planta y reacomodo de la nueva maquinaria que ayudará a que la producción por día tenga un incremento significativo. En esta construcción del modelo se realizarán dos propuestas las cuales se explican a continuación:

Propuesta 1: Modelo de mejora simulado en ProModel corrido durante 9 horas

Al analizar dicha propuesta la cual se trabaja por 9 horas comúnmente ya que comienzan a operar desde las 9am hasta las 6pm. Estos horarios son corridos ya que no se para la producción en los transcursos de esas horas. Sus horas de comida se van turnado para que la producción no se detenga y es por eso que en la empresa se trabaja las 9 horas diarias o estándares en un día común ya que dependiendo de la demanda que tengan aumentan o disminuyen las horas de trabajo. Debido a este tiempo se realizó la corrida de este modelo para determinar cuanta producción se fabrica en esas 9 horas y con esto determinar cuál es la propuesta más viable para adaptarla al área de producción de dicha empresa.

Propuesta 2 Modelo de mejora simulado en ProModel corrido durante 8 horas

Esta propuesta fue determinada después de analizar el tiempo total de producción por día que es de 9 horas al identificar que la producción no se para y por consecuente el personal no cuenta con una hora fija para comer sino que se van turnando y es fastidioso para el personal el no saber a qué hora pueden comer, es por esto que la propuesta de este modelo que se corra en 8 horas en vez de 9 horas y se les asignará una hora de comida tomándose esta de de 1pm a 2pm y sus horarios serian de 9am a 1pm y de 2pm a 6pm se siga con la producción.

El tiempo de hora de comida que consta de una hora seria tiempo muerto al cual se le buscó una solución ya que en la actualidad la empresa realiza 3 cargas de refresco el cual produce pérdida de tiempo en preparación y se quiere quitar esos tiempos muertos y con esta propuesta al comenzar con su producción realizarían la primera carga a las 9am y la segunda a la 1 pm ya que la carga y fabricación del refresco es realizado por los dueños de la empresa y el personal se tiene que parar hasta que la carga se inicie. Con esta propuesta solo habrá dos cargas en todo el día y los trabajadores no tendrán que realizar un paro cuando se tenga que recargar el líquido, la cantidad de litros por carga serian de 500 litros y se realizarán dos cargas.

Los resultados obtenidos fueron los siguientes:

Para el diseño en Promodel fue necesario utilizar factores como lo son: operarios, tiempos de operación y distribución de planta.

A continuación en la imagen 1 se muestra el modelo propuesto realizado en ProModel que se realizó para poder medir los tiempos que se llevarían en un lapso de 8 horas para poder realizar las actividades de cada operario, asi mismo en un tiempo de 9 horas de lo cual en este último fue la propuesta que mejor funcionó para aplicar al proceso de la empresa.

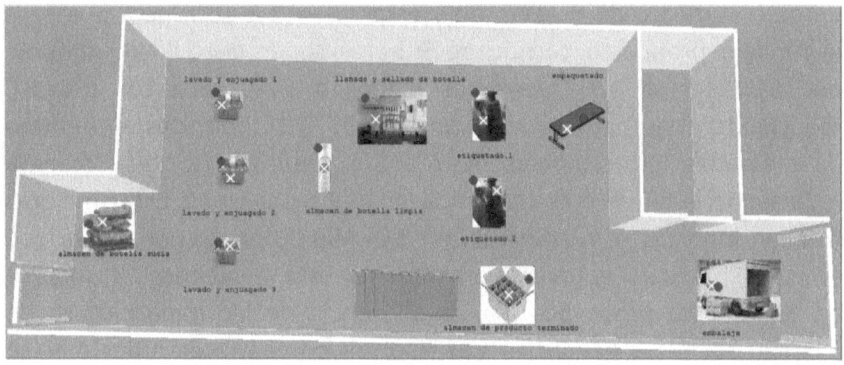

Imagen 1. Modelo propuesto en ProModel.

Como evidencia realizada se corrieron los modelos de simulación a 8hrs y 9hrs para pronosticar la futura producción de refrescos. De la obtención de resultados de estos dos modelos elaborados a continuación se presentan los resultados obtenidos de este proyecto en el software ProModel:

Tabla 1: Resultados de las mejoras propuestas

	Modelo actual	Modelo mejorado corrido por 9 horas	Modelo mejorado corrido por 8 horas
Producción diaria	1767	4449	3949
Número de locaciones	13	11	11
Número de entidades	7	5	5
Número de operarios	10	8	8

Como se puede ver en la tabla 1 los dos modelos propuestos tienen un gran aumento de producción y es por eso que se espera que para el modelo propuesto corrido de 9 horas su productividad aumente un 151.78% (de 1767 refrescos diarios a 4449 refrescos diarios), reduciendo el número de locaciones de 13 a 11 unidades, el número de entidades reduciéndolas de 7 a 5 unidades y de igual manera reduciendo el número de operarios de 10 a 8 operarios. Estas mejoras traerían ingresos a la empresa por $44,490.00 pesos por día ya que en la actualidad aproximadamente se está teniendo un ingreso de $17,670.00 pesos por día, la diferencia de las ganancias es de $26,820.00. Estas ganancias son solo por día y si fueran por mes se estaría teniendo una entrada de ingresos de $1, 112,250.00 pesos solo por la fabricación de refrescos de manzanita de 325 ml.

Para el modelo corrido de 8 horas se espera que se tenga un aumento del 123.48% (de 1767 refrescos diarios a 3949 refrescos diarios), reduciendo el número de locaciones de 13 a 11 unidades, el número de entidades reduciéndolas de 7 a 5 unidades y de igual manera reduciendo el número de operarios de 10 a 8 operarios para el nuevo modelo corrido en 8 horas. Estas mejoras traerían ingresos a la empresa por $39,490.00pesos por día ya que en la actualidad aproximadamente se está teniendo un ingreso de $17,670.00 pesos por día, la diferencia de las ganancias es de $21,820.00 pesos. Estas ganancias son por día y si fuera por mes se estaría teniendo una entrada de ingreso de $987,250.00 pesos solo de refresco de 325 ml.

Los resultados obtenidos nos dan una idea de como es que la empresa sidrera "San Rafael" no cuenta con un flujo continuo en su proceso y que tiene que tomar medidas drásticas para poder aumentar su producción. Estas dos propuestas si se aplican estarían ayudando a mejorar de manera significativa la producción de refrescos de 325ml.

Agradecimientos

Agradecemos a los dueños de la empresa "Sidrera San Rafael" el señor Leonardo Flores Morales y la señora Elia Morales Carrasco por abrirnos las puertas y permitirnos estar trabajando en su establecimiento sin ninguna exigencia y siempre con la mejor amabilidad, calidez y disponibilidad, por hacernos sentir parte de ustedes.

A la Ingeniera en Alimentos Mayra Elideth Flora Mora quien fue la principal persona que estuvo siempre con la mejor disposición para apoyarnos en todo momento durante nuestras visitas a la empresa y también fuera de ella, por dedicarnos su tiempo para responder a cualquier duda que se nos presentaba, por mostrar el interés hacia nuestras ideas por insignificantes que fueran y hacer las aportaciones debidas y por ser esa gran persona con su carácter y entusiasmo que la caracteriza en cualquier actividad que hace. *Mil gracias Inge.*

A nuestros padres por contar con su apoyo y comprensión para poder faltar a casa cuando se requería de trabajar arduamente a ustedes al igual que en el ámbito económico: *Los amamos*

A los trabajadores que laboran en el lugar por estar con la disponibilidad que se requería para poder llevar a cabo los cambios de mejora y adaptarse a estos y por siempre tratarnos de la mejor manera.

Y por último agradecemos a todas aquellas personas que de una u otra forma contribuyeron para que este proyecto fuera una realidad: amigos, familia, etc.

Con cariño: las autoras del proyecto (Rebe, Vale, Yess)

Conclusiones

Con los modelos de mejora diseñados en el software ProModel obtuvo un aumento en la producción de refrescos y ayudo a incrementar las ganancias de dicha empresa.

El utilizar la herramienta Lean Manufacturing también tuvo gran impacto en cuanto al enfoque que se hizo de flújo continuo del proceso ya que la empresa no contaba con un proceso corrido.

Con esa herramienta se logró que las actividades se determinaran en una forma que no haya espacios ni tiempos muertos o de ocio.

Es de gran ayuda utilizar softwares de simulación ya que es un apoyo enorme en cuanto a elaborar y diseñar procesos de producción.Este artículo nos da una idea como las herramientas y metodologías que se llevan en la ingeniería industrial son de gran ayuda para las empresas ya que sí estas se aplican de la mejor pueden beneficiar en forma significativa a las empresas u organizaciones que deseen crecer, aumentar su producción y ganancias.

Referencias

Eduardo García, H. G. (2006). *Simulación y análisis de sistemas con ProModel.* México: Pearson, Educación. Pág. 7.

BIBLIOGRAPHY \l 2058 MDC, L. ((Fecha de consulta: 8 de marzo de 2017)). *Flujo continuo.{En Línea}.* Obtenido de http://www.leanmdc.com/flujo.html

BIBLIOGRAPHY \l 2058 Maritza Soqui, L. V. (2012). *Aplicación de la simulación, para justificar la implementacion de proyectos ergonómicos, en lineas de producción con ensamble manual: caso empresa TERADYNE.* Universidad Autónoma de Baja California, 10.

NIEBEL, B. W. (1990). *Ingenieria Industrial: Métodos, tiempos y Movimientos. Cápitulo 1, Métodos, estudio de tiempos y pago de salarios.* pag 7. México: 3ª Edición. Alfaomega.

BIBLIOGRAPHY \l 2058 Maritza Soqui, L. V. (2012). Aplicación de la simulación, para justificar la implementacion de proyectos ergonómicos, en lineas de producción con ensamble manual: caso empresa TERADYNE. *Universidad Autónoma de Baja California*, 10.

OPTIMIZACIÓN DE UN SISTEMA DE AIRE COMPRIMIDO

Reyes León Iván, Cruz Solís Edgar J., Villa Barrera Víctor,

Instituto Tecnológico Superior de Huauchinango
ingivanreyes_tec@hotmail.es,
edgar.j.cruz@hotmail.com,
iivilla@hotmail.com

Resumen.

En el presente trabajo se realiza un análisis y estudio al proceso que lleva acabo el Sistema de Aire Comprimido dentro de una Central Hidroeléctrica, el objetivo es determinar las condiciones críticas en la que se encuentra operando para que de esta manera se planifique y se desarrollen propuestas que optimicen el sistema, entre las que se encuentran: Requerimiento de un nuevo Sistema de Aire Comprimido, Diseño, simulación y armado de un sistema de control con selector automático /manual y Mejora de factores con el redimensionamiento del área de trabajo diseñando un croquis 3D. Estas alternativas darán como resultado una eficiencia operativa para la empresa y óptimas condiciones laborales.

Palabras clave

Optimización, Aire comprimido, Caudal, Presión.

Abstract.

This paper presents an analysis and study is carried out on the process carried out Compressed Air System within a Central Hydroelectric, the objective is to determine the critical conditions in which it is operating so that in this way it is planned and developed proposals that optimize the system, among which are: Requirement of a new Compressed Air System, Design, simulation and armed with a control system with automatic / manual selector and factor improvement with the resizing of the work area designing a 3D sketch. These alternatives will result in operational efficiency for the company and optimal working conditions.

Keywords

Optimization, Compressed air, Flow, Pressure

Introducción.

La función de una central hidroeléctrica es utilizar la energía potencial del agua almacenada y convertirla, primero en energía mecánica y luego en eléctrica. Al pasar el agua acumulada por la turbina, desarrolla en la misma un movimiento giratorio que acciona un generador produciendo la corriente eléctrica.

Los generadores aparte de sus elementos mecánicos necesitan de dos equipos que le ayudan a mantener una estabilidad en las revoluciones generadas. 1) Sistema de frenado, 2) Sistema de almacenamiento de aceite, estos a su vez requieren de aire comprimido para realizar sus operaciones, para ello cuentan con el área del Sistema de Aire Comprimido el cual actualmente cuenta con tres compresores, 3 tanques de almacenamiento, 3 arrancadores y 3 presostatos o interruptores de presión.

De acuerdo con el presente trabajo se pretende analizar, planificar y desarrollar propuestas que optimicen el Sistema de Aire Comprimido que opera actualmente, proponiendo alternativas de mejoramiento que garanticen una eficiencia operativa para la empresa y el personal que labora.

Metodología.

Para el desarrollo metodológico se utiliza la investigación de campo, se acude al área de trabajo y se recolecta información mediante la observación directa, preguntas al personal y fotografías.

A. Condiciones actuales de operación

Maquinaria y equipos:

- Se cuenta con un sistema de aire comprimido con varios años en funcionamiento y las condiciones físicas están en sufriendo deterioros conforme al uso constante.
- En operación actual solo se encuentra en función 2 de 3 compresores, 2 de 3 tanques de almacenamiento.

- Existe sobrecalentamiento en los compresores al trabajar con arranques consecutivos.

Factores que intervienen en el proceso de producción de aire comprimido:

- La ubicación del sistema de aire comprimido está mal dimensionada, obstruye el paso a las demás áreas y a las maniobras del personal siendo que cuenta con equipos que no operan y que solo están sin servicio.
- La iluminación no es suficiente, lámparas dañadas y otros equipos que impiden la entrada de luz natural afectan de manera que no logran verse a detalle los componentes del sistema.
- No existe una entrada de aire natural ni tampoco de ventilación de equipos, siendo elementos que se calientan y afectándolos directamente al igual que el personal que lo opera.
- La elección de los colores no es adecuada, genera más obscuridad y no se distinguen los elementos en esta área.

Condiciones actuales de operación:

- La operación es de manera independiente, tanto consumidores como el mismo sistema de aire comprimido y por lo general todo transcurre dependiendo la demanda de aire que se requiera.
- El control es mediante arrancadores y presostatos estableciendo un rango de presión.

Mediante el software de diseño AUTOCAD se realiza un croquis 3D, para visualiza el espacio donde se encuentra ubicado el sistema de aire comprimido, los diseños permitirán determinar espacios de utilidad y distribución.

B. Optimización del Sistema de Aire Comprimido

Una vez realizado el análisis a las condiciones críticas se sugieren 3 propuestas tomando en cuenta la demanda por los consumidores de aire.

Propuesta 1:

Requerimiento de un nuevo Sistema de Aire Comprimido.

Para el diseño de un nuevo sistema se establecen los siguientes valores de la Tabla 1.

Un estudio nos explica que los compresores y secadores son determinados con requerimientos más estrictos y le siguen deposito, filtros etc., una vez que son considerados el caudal y presión que necesitara nuestro Sistema de Aire Comprimido, nos muestra un diseño esquemático de los elementos sugeridos, así como la conexión que estos tendrán enfocándonos solo al suministro y no a la distribución. Croser, (1991)

Caudal a la salida	650	Nm^3 / h
Presión de operación	10	bar (g)
Calidad de aire de servicios	1 / 2 / 1	Partículas / Agua / Aceite, según ISO 85731:2001
Calidad de aire de instrumentos	3 / 4 / 3	

Tabla 1. Características requeridas para el sistema de aire comprimido.

El esquema de conexión de elementos del Sistema de Aire Comprimido propuesto, el cual consta de siete elementos: 1. Un Compresor, 2. Un secador de adsorción, 3. Un secador por refrigeración, 4. Un deposito, 5. Un separador de condensados, 6. Tres filtros (a, b, c) y, 7. Accesorios.

Teniendo en lista los elementos y requisitos de nuestro sistema, se analizan diferentes proveedores de equipos de aire comprimido hasta elegir aquellos quienes cumplen con los requerimientos técnicos y económicos para nuestro sistema propuesto.

Estos proveedores son: 1) Ingersoll Rand, 2) Kaeser, 3) Atlas Copco. Realizando un estudio de costos de 3 puntos muy importantes, 1. Costos de los equipos, 2. Costos de consumo energético, 3. Costos de Instalación.

Existiendo poca diferencia entre algunos de ellos y considerando el consumo energético a largo plazo se concluye elegir el proveedor: Ingersoll Rand.

Propuesta 2:

Diseño, simulación y armado de un sistema de control que integra un selector automático /manual.

Esta propuesta se lleva acabo de manera física proyectado un sistema de control tipo arranque / paro de forma manual y automática esta elección atreves de una llave selectora anexando un vacuómetro digital que permitirá calibrar la presión que se requiera.

Arranque / paro forma automática

El control automático funcionara de manera programada, opera mediante el siguiente ciclo: a. encendido, b. nivel de presión, para este caso si el nivel de presión es bajo el compresor arranca para iniciar su operación. Si el nivel de presión es alto pasa a la descarga y paro del compresor.

1. Si el nivel de presión es bajo se pone en marcha el compresor.
2. Si el nivel de presión es alto se para el compresor.

Arranque / paro forma manual

Este tipo de control se ejecutará manualmente en el mismo lugar en que está colocado el circuito de control, con el propósito de la puesta en marcha y parada del motor, proporciona generalmente protección contra sobrecarga y desenganche de tensión mínima. Una vez que se tiene la idea del proceso de operación se utiliza el Software CADe SIMU un programa que permite dibujar el esquema eléctrico de nuestro sistema de control, para simular su funcionamiento corregirlo y comprobar que la lógica del circuito funcione.

Los pasos para la fabricación del sistema de control son:

1. Adquisición de materiales.
2. Conexión y armado.
3. Montaje en caja de control eléctrico.
4. Pruebas de funcionamiento.

Propuesta 3:

Mejora de factores y redimensionamiento del área de trabajo mediante un diseño de croquis 3D.

Se realiza el dimensionamiento sugerido para el sistema de aire comprimido el objetivo de esta propuesta es reducir el espacio facilitando diversas maniobras de trabajo y poder aplicar mantenimientos al mismo sistema de manera apropiada.

Para el rediseño del área de trabajo con factores que favorezcan lineamientos de seguridad e higiene industrial: 1. Iluminación, 2. Ventilación, 3. Acondicionamiento cromático, 4. Señalamientos.

Se utiliza el software AUTOCAD para realizar un diseño 3D, indicando los factores considerados y la vista que tendría nuestro Sistema de Aire Comprimido sugerido.

Factores: Tanque de Almacenamiento, Tubería adecuada al compresor y Tanque de Aire, Toma para Trabajos de Área, Compresor, Protección para el Compresor, Límite de Restricción, Alumbrado, Señalética, Ventilación, Extintor.

Resultados.

Una característica principal de este proyecto es la optimización del sistema de aire comprimido y ante la sugerencia de 3 propuestas obtenemos:

1. La consideración de equipamiento con el proveedor Ingersoll Rand que oferta un sistema al cual se le invertirá para su adquisición, pero valores monetarios que serán recuperados en poco tiempo debido al ahorro energético que este producirá.

2. Realizar una inversión al sistema de control sugerido, el cual mejora el desempeño de los equipos alargando el tiempo de vida útil además de contar con un sistema de facilidad de manejo.

3. Una correcta distribución y adquisición de equipamiento mejorara el manejo del sistema de aire comprimido al contar con un ambiente laboral seguro y cómodo, factor que determina una mejor producción.

El análisis de tiempos es un resultado que el desarrollo de este proyecto tomo a consideración, se realizó el diagrama de flujo en el software de simulación ARENA y al simularlo da como resultado la variabilidad de operaciones de: Apagar 60.000, Encender 1 130.00, Encender 2 36.000 y nivel 289.000, en el sistema actual.

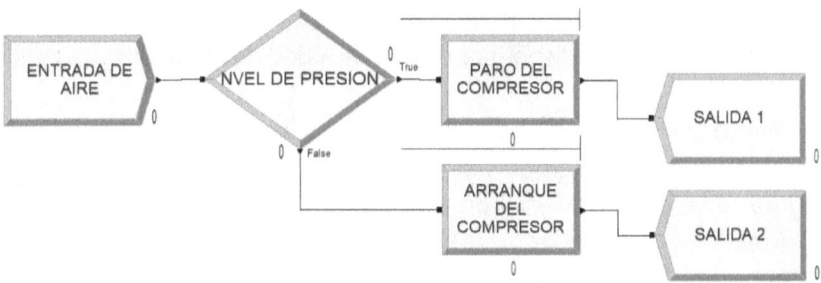

Figura 1. *Diagrama de flujo Sistema Optimizado*

El sistema sugerido se observa en el diagrama de flujo en la figura 1, el resultado arroja, Arranque 25.000 y Paro 21.000, para realizar dicha simulación se ha considerado 8 horas de trabajo. Es notable la diferencia entre ambos sistemas en cuestión de tiempos de arranque de un compresor. Determinando que el sistema sugerido optimizo los tiempos de arranque para el sistema en estudio.

Agradecimientos

A la carrera de Ingeniería Mecatrónica del Instituto Tecnológico Superior de Huauchinango por el apoyo y las facilidades para el desarrollo de este trabajo.

Conclusiones.

El Sistema de Aire Comprimido es de vital importancia para el proceso de producción dentro de la Central Hidroeléctrica, por ello el desarrollo de nuevas alternativas de mejoramiento dan como resultado una eficiencia operativa a corto y a largo plazo.

Se realizó el diseño de un nuevo sistema de aire comprimido con la descripción de los componentes requeridos y la selección de un proveedor, esto evitara a gran medida utilizar mayores recursos monetarios en mantenimientos y en consumo energético.

Se realizó el diseño y fabricación de un sistema de control de tipo arranque / paro con la opción de automático / manual, lo que dispondrá de una estrategia de sistema de control que ayudará al funcionamiento correcto de equipos y dispondrá de una facilidad de maniobrar.

Se realizó un diseño 3D para determinar y acondicionar un área de trabajo mediante un croquis siguiendo las normas adecuada para la mejora de las condiciones laborales.

Referencias Bibliográficas.

Deppert W. & Stoll K. (enero, 2008). Dispositivos Neumáticos. México: Alfaomega Grupo Editor.

P. Croser. (1991). Neumática, Nivel básico TP 101 Manual de Estudio. EssIngen 1: FESTO Didactic KG.

Enríquez Harper. (2002). El ABC del control electrónico de las maquinas electricas. Balderas, 95 México, D.F.: LIMUSA S.A. de C.V.

Walter N. Alerich. (junio 2001). Control de los motores eléctricos. México, D.F.: Diana.

Fábregas, A., Wadnipar, R., Paternina, C. & Mancilla A. (2007). SIMULACIÓN DE SISTEMAS PRODUCTIVOS CON ARENA. Barranquilla, Colombia: Uninorte.

IMPLEMENTACIÓN DE CONTROL A UN SISTEMA FOTOVOLTAICO AISLADO

Castillo Quiroz Gregorio, Gonzaga Licona
Elisa, Martínez Hernández Julio C.

Instituto Tecnológico Superior de Huauchinango
gcquiroz1977@gmail.com,
goleon37@hotmail.com,
julio.cmh@hotmail.com

Resumen

En este artículo se presenta el diseño y manufactura de un seguidor solar autómata de dos grados de libertad complementado un sistema fotovoltaico aislado para fines didácticos. El sistema está inspirado en un girasol compuesto de un mecanismo formado por un par de motores DC controlados por PWM de potencia y señales provenientes de un microcontrolador ATmega-328 programado en la plataforma Arduino, los cuales juntos con la celda permitirán el posicionamiento de la estructura en la orientación adecuada. El algoritmo para el seguidor solar se desarrolló por medio de un control PID, el cual determina la posición del sol en todo momento mediante sensores fotosensibles y estipulando su movimiento o mantenerlo su posición, evitando el uso innecesario de la corriente eléctrica acumulada. Además, es capaz de rectificar errores previos y proveerlo de energía en un futuro inmediato, permitiendo al panel fotovoltaico una captación más eficiente de la radiación solar y la producción de energía eléctrica en comparación a los sistemas fotovoltaicos fijos.

Palabras Clave. Sistema fotovoltaico, sistema de girasol, panel solar, control.

Abstract

This paper deals the design and manufacture of a solar automaton follower of two degrees of freedom complemented an isolated photovoltaic system with didactic purposes. The system is inspired by a sunflower composed of a mechanism formed by a pair of DC motors controlled by PWM of power and signals coming from an ATmega-328 microcontroller programmed in the platform Arduino, which together with the cell will allow the positioning of the structure in proper orientation. The algorithm for the solar follower was developed by means of a PID control, which determines the position of the sun at all times by means of photosensitive sensors and stipulating its movement or maintaining its position, avoiding unnecessary use of the accumulated electric current. It is also capable of rectifying previous errors and providing it with energy in the immediate future, allowing the photovoltaic panel a more efficient capture of the solar radiation and the production of electric energy in comparison to the fixed photovoltaic systems.

Keywords. Photovoltaic system, sunflower system, solar panel, control.

Introducción

El uso de la energía solar es utilizada desde hace años con diferentes objetivos como: en la agricultura, hornos solares o para generar vapor para maquinaria, calefacción, entre muchos otros ejemplos. Pero el científico francés Alexandre Edmond Becquerel quien experimentando con una pila electrolítica sumergida en una sustancia de las mismas propiedades, observó que después al exponerla a la luz generaba más electricidad, así fue que descubrió el "efecto fotovoltaico" en 1839 que consiste en la conversión de la luz del sol en energía eléctrica dando paso un nuevo campo de investigación para generaciones futuras de científicos.

En 1885 el profesor William Grylls Adams experimentó con el selenio (elemento semiconductor) como reaccionaba con la luz y descubrió que se generaba un flujo ya perceptible de electricidad, conocida como "fotoeléctrica".

A su vez el inventor Charles Fritts en 1893, fue quien inventó la primera célula solar, conformada de láminas de revestimiento de selenio con una fina capa de oro con una eficiencia aproximada del 1%, estas células se utilizaron para sensores de luz en la exposición de cámaras fotográficas.

El físico alemán de origen judío, el cual fuera nacionalizado después como suizo y estadounidense Albert Einstein, investigó más a fondo sobre el efecto fotoeléctrico y descubrió que al iluminar con luz violeta la cual es de alta frecuencia, los fotones pueden arrancar los electrones de un metal y producir corriente eléctrica. Esta investigación le permitió ganar el Premio Nobel de Física en 1921.

El ingeniero estadounidense Russel Ohl, creó y patentó las primeras células solares de silicio en 1946, pero Gerald Leondus Pearson físico de Laboratorios Bells, por accidente, experimentando en la electrónica creó una célula fotovoltaica más eficiente con silicio, gracias a esto el físico Daryl Chapin y químico físico Calvin Fuller mejoraron estas células solares para un uso más práctico logrando una mejora del 600% de la eficiencia en ese momento. Este tipo de PV empezaron a producirse en

1954, que se utilizaron en su mayoría en satélites espaciales acelerando las investigaciones para extender el uso de estos en distintas aplicaciones en área aéreo espacial, hasta que en los años 70's se les dió el primer uso general para el público, implementando los PV en calculadoras que se siguen utilizando actualmente.

No obstante la implementación de los PV'S ha sido ciertamente opacada por el uso de la combustión como método por excelencia de obtención de energía eléctrica, la cual no fijaba una cierta negativa tanto ambiental, social y económica en años anteriores, ya que éstas no se tenían en cuenta a plazos futuros como es hoy en día, las cuales son evidentes y se viven día a día en cualquier parte del mundo.

Al surgir mejores métodos de obtención de energía de manera más limpia aprovechando los medios naturales del planeta, el cual es un ejemplo total de la transformación de la energía del cosmos en una variedad infinita de trabajos tanto en su exterior como en su interior obteniendo la mayor parte de energía del sol tanto de su fuerza de atracción generada por la deformación del espacio tiempo por la gran cantidad de masa concentrada en su cuerpo siendo tres cuartas partes de helio y el resto es su mayoría de hidrógeno, dando con la segunda fuente de energía ya que estos gases son convertidos en energía ocasionada por una fusión nuclear. Gracias a este entendimiento científico hoy en día se ha ampliado el uso de PV'S en la generación de energía eléctrica de forma industrial y doméstica aumentado su eficiencia hasta el 22% hoy en día para estas y hasta un 38% en el uso aéreo espacial usando arseniuro de galio en finas películas.

Ya con la tecnología moderna y sus costos más accesibles se busca aumentar y mejorar el uso de los PV'S mediante la réplica de distintos comportamientos naturales de algunas plantas las cuales aprovechan la luz solar de manera más eficiente al reposicionar sus hojas receptoras, para aumentar la cantidad de energía almacenada mediante la fotosíntesis. La cual será sustituida por un PV como receptor, un mecanismo controlado para el comportamiento del sistema y un banco de baterías para almacenar la energía receptada, para después aplicarla en distintas tareas.

El consumo de energía eléctrica ha ido en aumento de manera exponencial acorde con la evolución tecnológica dado que cada vez que existe una nueva tecnología es necesario el consumo energético para su elaboración y a un más durante su funcionamiento, esto ha dado paso a buscar nuevas fuentes de obtención energéticas, una de tantas es la fotovoltaica la cual ha ido evolucionando de manera gradual, siendo que esta es una de las maneras más limpias de obtener energía eléctrica ya que esta es capaz de auto sustentarse y recuperar en una fracción de su vida útil la energía con la cual se obtuvieron sus componentes, dando margen a energía limpia durante el resto de su tiempo de vida. Aunque estos son ya por si solos muy buenos con respecto a la producción de energía eléctrica con base en la transformación de luz solar en electricidad, no se ha conseguido obtener un 50% de eficiencia de producción, siendo un 25.2% de eficiencia lo máximo obtenido esto por la NASA para los proyectos aeroespaciales, un 20% máximo para los sistemas al público y en los casos más comerciales es del 15%. Aun así, si estos paneles alcanzaran el 50% de eficiencia de conversión estarán apegados a la posición diaria del sol, aunándoles la posición estática establecida por el usuario reduciendo el tiempo de captación de luz solar durante el día a unas pocas horas.

Con el fin de mejorar la respuesta de los sistemas fotovoltaicos y maximizando su eficiencia es necesario aplicar un sistema Mecatrónico el cual permita la movilidad del panel fotovoltaico al reposicionar el panel del sistema acorde al sol, aumentado así el tiempo de incidencia de luz durante el día mediante control PID (Proporcional, Integral, Derivativo) para lograr que todo el sistema funcione en armonía evitando un consumo innecesario de corriente por movimientos no benéficos para la captación de luz asiendo no sustentable. El prototipo presentado permite mejorar el rendimiento de una instalación fotovoltaica.

Metodología

A. Energía solar

El sol es la principal fuente de energía para los procesos biológicos del planeta, de esta manera el ser humano ha dependido de éste sin darle la importancia que representa en las actividades humanas. En este sentido, la calefacción fue uno de los primeros usos de la energía solar, sin embargo, la utilización de combustibles para este mismo fin reemplazó y limitó hace unos 2500 años la posibilidad de expandir la energía solar como fuente importante en las actividades que requieren energía calorífica, debido a que la quema de combustibles presentaron una mayor eficiencia y facilidad en la manipulación.

La cantidad de energía solar recibida anualmente por la tierra 1,5 x 10^{18} KWh, representa 10.000 veces el consumo de energía en ese mismo periodo, esto se interpreta como que además de que el sol es el actor principal de los procesos biológicos en la tierra, este puede ser considerado una fuente inagotable de energía la cual puede ser aprovechada mediante un adecuado sistema de captación y conversión a otro tipo de energía.

B. Ventajas de la energía solar

La energía solar es una de las alternativas energéticas más importantes en la actualidad, esta ofrece una serie de ventajas tales como: Es un recurso natural inagotable (la luz del sol), es una energía limpia que no genera emisiones de gases contaminantes, es una solución ideal para disponer de electricidad en zonas aisladas, es la única energía renovable que puede instalarse a gran escala dentro de las zonas urbanas, en el caso de instalaciones conectadas a la red, hay subvenciones públicas y primas a la producción, los paneles y la estructura de soporte pueden desmontarse al final de la vida útil, pudiendo reutilizarse.

C. Desventajas de la energía solar

Entre los inconvenientes no comparables con los de las fuentes de energías convencionales, se encuentran: el impacto visual de los parques solares, suelen ocupar grandes superficies de captación, sólo se produce energía mientras hay luz y depende del grado de insolación, el costo de las instalaciones es elevado y sobre todo si se compara con otro tipo de instalaciones que generen la misma potencia, el periodo de amortización de la inversión es largo (de unos diez años), el rendimiento es bastante bajo (debido a la baja eficiencia de las células solares, en muchos casos inferior al 40%).

D. Seguidor solar como sistema fotovoltaico.

En los sistemas fotovoltaicos existe la posibilidad de implementar un dispositivo adicional con el fin de aumentar la captación de radiación solar y por ende la energía suministrada por la instalación, tal dispositivo es un seguidor solar. Un seguidor solar es un dispositivo conformado básicamente por una parte fija y una móvil, cuya finalidad es el aumento de la captación de radiación solar, para lo cual cuenta con una superficie de captación que debe permanecer perpendicular a los rayos del sol durante el día y dentro de su rango de movimiento.

E. Componentes del sistema fotovoltaico

Los componentes utilizados para el sistema fotovoltaico aislado son: una tarjeta de programación Arduino, un driver para motores DC de 300 A, un mecanismo de 2° de libertad, 4 sensores foto resistivos, una laptop, cable USB, contactos, los programas SolidWord y Matlab y consumibles como estaño, placas pcb, termofil, y tornillería.

- Sistema fotovoltaico: Este sistema cuenta con un panel fotoeléctrico de 50 W, un regulador de carga, una batería de 12v a 7 A/hra., conectores mc4, cable 10 awg y un inversor de corriente de 500 W, este sistema es capaz de generar corriente eléctrica para alimentar aparatos domésticos a 110 Vac o 220 Vac, no cuenta con la movilidad para reajustar su posición con respecto al sol.
- Tarjeta programable Arduino: La tarjeta Arduino fue utilizada como módulo de adquisición, procesamiento de datos, almacenar y ejecutar una programación PID.
- Sistema Mecatrónico: Este sistema cuenta con 2 grados de libertad proporcionados por dos trenes de engranes impulsados por motores independientes para cada nodo, un driver de 300 A de 5 a 36 Vdc apto para 2 motores, una tarjeta de control tanto

para las señales de movilidad como de recepción de señales de los sensores y un calibrador manual de estos contando con un Arduino nano como CPU.

F. Construcción del prototipo

El desarrollo de este prototipo se llevó a cabo mediante investigación de campo para el diseño, manufacturar y programar. El análisis se hizo de manera experimental debido a las variables que intervienen en el sistema, las cuales son muy difíciles de detectar a primera instancia, para esto se realizaron los siguientes pasos:

- Diseño del Sistema Mecatrónico: Para la obtención del diseño se recurrió a la observación e investigación de campo, muchas plantas cuentan heliotropismo dirigiendo sus hojas al sol de forma constante aunque muchas de estas no son visibles porque tardan demasiado para dirigir sus hojas al punto de mayor irradiación solar, pero en contra parte algunas como el *Helianthus annuus* comúnmente conocido como girasol cambia la posición de su flor durante su juventud acorde a la posición del sol y reposicionándose durante la noche al Este para esperar de nuevo al sol, gracias a esto, se obtiene la figura de la estructura así como el comportamiento del sistema, el panel es como la flor del girasol.
- Manufactura del sistema Mecatrónico: El diseño del sistema se determinó por la forma y comportamiento del girasol, de esta manera se fabricaron las piezas de la estructura con aluminio reciclado de latas de refresco, haciendo uso de un horno para su fundición y fabricación de preformas para maquinar consecutivamente en una fresadora CNC, a estas piezas se le acoplaron rodamientos y una trasmisión de 60:1 a la cual se le agregaron dos motores de 100 kg, con esto se obtuvo la parte mecánica y motriz del sistema. Para el control de los motores se construyó un driver de 300 A el cual está basado en un sistema híbrido electromecánico y de estado sólido el cual le permite controlar tanto velocidad como sentido rotacional (ver Figura 1).

Figura 1. Sistema Mecatrónico con 2 grados de libertad

- Control PID para el sistema Mecatrónico: Con el comportamiento ya establecido por la naturaleza, comenzando desde el este y termina en el oeste, se tiene el 50% de la programación, solo queda por programar el error producido por el punto geográfico en el cual se encuentre el sistema. Por otro lado si está nublado u otras variables que intervengan, se produce un error en la rutina establecida, para esto es necesario comparar los valores censados de 4 puntos en el sistema los cuales actúan como visores para que éste mantenga el panel en el punto de máxima incidencia fotónica, los cuales tendrán como objetivo estar en 0 en cualquier momento y si el valor cambiase de -1024 a 1024 el programa determina la dirección de rotación más el algoritmo PID determinará la velocidad para que el sistema se mantenga estable.

Resultados y discusión

Se acopló el algoritmo de programación y el sistema mecánico para que estos trabajaran de manera uniforme y coordinada para responder a la necesidad de reubicación del panel para mayor incidencia fotónica y con esto maximizar la eficiencia del sistema fotovoltaico dándonos menor tiempo para almacenar energía en una batería.

Para verificar si el sistema daba resultados se optó por realizar pruebas de producción tanto de voltaje como de corriente en corto circuito, durante 6 días partiendo de las 8:30 AM a 6:00 PM. Para tomar un punto de comparación se usó el panel en su forma estática con un $\theta = 25.17287°$ con dirección al sur, esta es la posición determinada para el punto en el cual se encuentra situado el prototipo, esto está dictado por la fórmula 1.

$$\theta = latitud + 5° \qquad (1)$$

Durante 6 días transcurridos se notó un aumento en la corriente de corto circuito, pero no en el voltaje a favor del sistema con acoplamiento mecatrónico, la corriente aumentó dejando en claro que la eficiencia es evidente, los resultados del Gráfico 1, de voltaje y corriente promedio, de las cuales, la más significativa es la de corriente ya que el panel fotovoltaico está diseñado para generar más de 17 V, esto gracias a la suma de las celdas que lo conforman, pero la corriente está dada por la cantidad de fotones que inciden en el área fotoactiva, esa es la razón por la cual existe un tiempo mayor de estancia en una corriente mayor a 2.6 A en comparación del sistema estático.

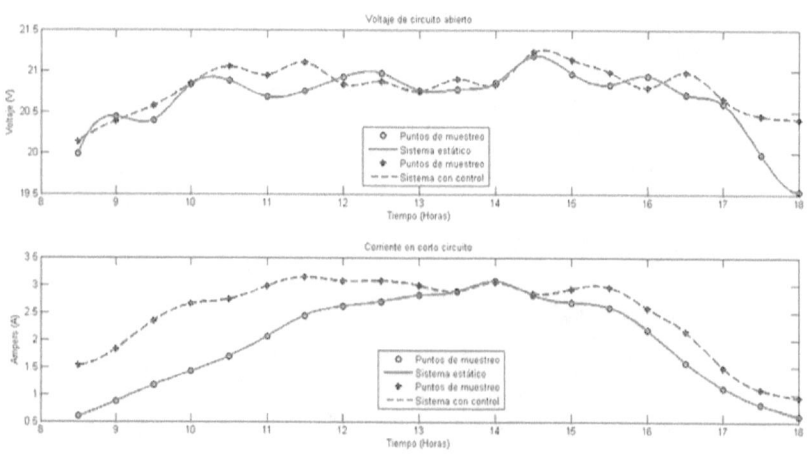

Gráfico 1. Voltaje de circuito abierto y corriente corriente de
corto circuito de ambas situaciones

Con los resultados obtenidos se demuestra que se cumple el objetivo de maximizar la eficiencia del panel fotovoltaico obteniendo un 22.4% de mejora con el Sistema Mecatrónico, el cual promedia el voltaje y corriente para obtener la potencia promedio tanto del sistema en forma estático como con acoplamiento Mecatrónico.

No obstante, el objetivo de maximización no sería útil si este consumiera más energía de la que el sistema produce, o sea igual, en este caso la cantidad que almacena y el tiempo que tarde en cargar la batería. Para esto, se realizaron 2 pruebas más por separado de manera estática y autónoma en días similares con la batería completamente descargada a un voltaje de 7 V en ambos casos, para cada día se tomó un horario de muestreo, con la diferencia que en este caso se tomó el voltaje de carga para determinar el tiempo que tarda en cargar la batería cada sistema, con los datos se obtuvo la gráfica de carga, la cual muestra que el sistema en forma estática tarda 2 horas más en cargar que su contra parte la cual tiene un margen de carga al 75% en otra batería, tomando en cuenta que este contempla el consumo de los motores y la electrónica del sistema Mecatrónico.

Agradecimiento

Los autores desean expresar su agradecimiento a la carrera de Ingeniería Mecatrónica del Instituto Tecnológico Superior de Huauchinango por el apoyo y las facilidades para el desarrollo de este trabajo.

Conclusiones

Con esto se concluye que los sistemas pueden ser más eficientes al incorporar un sistema Mecatrónico, como se demuestra en el sistema fotovoltaico aislado el cual maximiza su eficiencia en un 22.4 % en comparación al que permanece orientado al sur.

La sustentabilidad del sistema fotovoltaico aislado no se ve comprometida al incorporar un sistema Mecatrónico, éste al maximizar la carga permite almacenar un plus del 75 % que en su forma estática.

Si el sistema Mecatrónico presentado se industrializara para abaratar sus costos este sería una buena opción para usarlo en instalaciones domésticas y reducir el tiempo de retorno energético, permitiendo así recuperar los costos invertidos.

El sistema fotovoltaico construido puede ser utilizado en otras aplicaciones que requieran una actividad de seguimiento solar, como colectores solares, hornos solares, entre otros.

Referencias

Ayuntamiento de Pamplona, instituto de la construcción de Castilla y León – www.iccl.es José M. Enseñat Beso Cristina Martínez busto, Javier Ahedo Valdivieso, Miguel Angol Romero Ramos, Luis Serra María-tomé, Felipe Romero Salvachia, Miguel Sanz González, Begoña Odriozola González, Sergio Melchor González. (2008). Energía solar térmica y fotovoltaica en el marco del código técnico de la edificación. España: EnerAgen asociación de agencias españolas de gestión de la energía.

Enríquez Harper, (1995). Fundamentos de control de motores eléctricos en la industria. México D.F: LIMUSA.

Inés (León) Unam, (2013). "Fuente alterna de energía renovable: celdas solares orgánicas. Entre ciencias, 3, 64.

Javier María Méndez Muñiz, Rafael Cuervo García. (2003). Energía solar fotovoltaica. Madrid, España: Fundación confemental.

J. F Curtin, J. Magolis, (2009). "El Uso Eficiente de la Energia", Departamento de Estado de Estados Unidos, Oficina de Programa de nformación Internacional, vol 14, número 4.

J. R. Cedeño, (2009). "La Situación Energetica Mundial y sus Implicaciones para Puerto Rico", CIAP, Instituto de Ingenieros Electricistas.

Katsuhiko Ogata. (2015). Ingenie. Ingeniería de control moderna: Isabel Capella.

Los Paneles Solares Fotovoltaicos, [Online], Disponible en: http://www.sitiosolar.com/paneles%20fotovoltaicas. htm, 2009.

Michael A. Johnson y Mohammad H. Moradi. (1988). PID Control: New Identification and Design Methods. Londres: Springer.

Muhammad H. Rashid. (2004). Electrónica de potencia: circuitos, dispositivos y aplicaciones. México: Pearson.

Nota Conceptual ONUDI, (2009). "Hacia una Agenda Energética Integrada mas allá de 2020", Conferencia Internacional de Energía, Viena (Hofburg), Austria.

Pérez e. Maldonado JL. (2013). Fuente de energía renovable: celdas solares orgánicas.

Vicente Mascarós Mateo. (2015). Instalaciones Generadoras Fotovoltaicas. Madrid, España: Paraninfo.

TERCERA PARTE

Ambiental

EMPLAZAMIENTO DE UNA RED TERMOPLUVIOMÉTRICA, MONITOREO Y ANÁLISIS DE DOS VARIABLES CLIMÁTICAS EN EL NOROESTE DEL MUNICIPIO DE ZACATLÁN, PUEBLA

Mendez Manzano Isaac Joaquin, Morales Marquez Shari Maggali, Hernandez Soto Felipe Neri, Olvera Maldonado Juan Luis

Instituto Tecnologico Superior de la Sierra Norte de Puebla.
Isaac_129208@hotmail.com, smaggali_morales@hotmail. com, feneheso@gmail.com, juanluisom92@gmail.com

Resumen
Emplazamiento de una Red Termopluviométrica,
Monitoreo y Análisis de Dos Variables Climáticas
en el Noroeste del Municipio de Zacatlán, Puebla.

Objetivos, metodología
El objetivo general es establecer y mapear una red termopluviométrica para Monitoreo de precipitación y temperatura con la finalidad de obtener datos fiables y representativos del área de estudio, y los objetivos específicos son: Determinar la temperatura (máxima y mínima) y precipitación mediante el monitoreo de una red termopluviométrica, La elaboración de mapas temáticos de precipitación y temperatura de la zona de estudio, La definición del año hidrológico (descripción del comportamiento de las variables climáticas monitoreadas), Obtener datos de precipitación y temperatura de las estaciones climatológicas establecidas por CONAGUA aledañas al área de estudio para su comparación con las estaciones termopluviométricas establecidas.

La metodología de interpolación consta de métodos geoestadísticos, como el de kriging, que está basado en modelos estadísticos que incluyen la autocorrelación, es decir, las relaciones estadísticas entre los puntos medidos. Gracias a esto, las técnicas de estadística geográfica no solo tienen la capacidad de producir una superficie de predicción sino que también proporcionan alguna medida de certeza o precisión de las predicciones (ESRI, 2016).

Contribución

La contribución de este trabajo se hace hacia la actualización de datos de precipitación y temperatura en sitios de interés específico para empresas o particulares, ya que los datos disponibles estaciones establecidas por dependencias de gobierno no cuentan con datos exactos y específicos de algunas áreas.

Palabras clave: Monitoreo, Climatologia, Pluviometro.

Abstract

Location of a Thermopluviometric Network,
Monitoring and Analysis of Two Climate Variables
in the Northwest of the Municipality of Zacatlán, Puebla.

Objectives, methodology

The general objective is to establish and map a thermopluviometric network for precipitation and temperature monitoring in order to obtain reliable and representative data of the study area, and the specific objectives are: Determine the temperature (maximum and minimum) and precipitation by monitoring the a thermopluviometric network, the preparation of thematic maps of precipitation and temperature of the study area, the definition of the hydrological year (description of the behavior of the climatic variables monitored), obtain data of precipitation and temperature of the climatological stations established by CONAGUA near the study area for comparison with established thermopluviometric stations.

The interpolation methodology consists of geostatistical methods, such as kriging, which is based on statistical models that include autocorrelation, that is, the statistical relationships between the measured points. Thanks to this, geographic statistics techniques not only have the capacity to produce a prediction surface but also provide some measure of certainty or accuracy of predictions (ESRI, 2016).

Contribution

The contribution of this work is made towards the updating of precipitation and temperature data in sites of specific interest for companies or individuals, since the available data stations established by government agencies do not have exact and specific data of some areas.

Introducción

El tiempo atmosférico es un sistema de ciclos y fuerzas que actúan en el interior de la tierra, y es de esta manera como se da lugar a lo que se conoce como climas o zonas climáticas, definidas entre otros, parámetros como el viento, la temperatura o los regímenes pluviométricos. La medición de la precipitación y temperatura se realizan para obtener información sobre sus características espaciales y temporales, como intensidad, frecuencia, fase, duración cantidad etc. El problema de la representatividad, que si bien es general para todas las mediciones, es particularmente importante en la precipitación, ya que presenta una gran variabilidad espacial y temporal.

La importancia de establecer una red termopluviométrica es proveer mediciones hidrometeorológicas y en tiempo real para facilitar las estimaciones de precipitación, aportar datos de lluvia a modelos hidrológicos y apoyar los pronósticos generales del estado del tiempo. No es posible entender plenamente la lluvia, ni la temperatura u otros fenómenos climáticos y del tiempo sin datos veraces observados en el terreno. Sin embargo, se debe tener en cuenta que los pluviómetros son susceptibles a errores y por lo general no pueden representar espacialmente la naturaleza localizada de la lluvia orográfica. Por lo tanto, la "realidad observada en el terreno" es una cantidad evasiva que solo se puede estimar utilizando redes de pluviómetros. En consecuencia, se necesitan informes de pluviómetros que sean precisos, confiables y oportunos como sea posible.

Las variables ambientales (Precipitación y temperatura) han sido, desde incontables años atrás, protagonistas de diversos estudios debido a su interesante comportamiento, al grado de observarlas para simplemente describirlas o bien, tratar de predecir la futura actividad de dichas manifestaciones debido a su fuerte influencia sobre el entorno en que las comunidades evolucionan día con día.

Este trabajo, se fundamenta en la necesidad de mostrar al personal de interés en este tema, información apegada a la realidad científica sobre la vulnerabilidad de los fenómenos climáticos de los cuales la información existente, es nula u obsoleta, este estudio solo es principio de una serie de investigaciones sobre el comportamiento de las variables climatológicas, pues se requiere tener datos de un periodo mínimo de 10 años para que los resultados obtenidos sean más representativos.

Esta investigación pretende describir y plasmar de manera específica la ocurrencia de los fenómenos atmosféricos de precipitación y temperatura a través de estaciones termopluviométricas las cuales abarcan el 12.87% del total de la superficie del municipio de Zacatlán, Puebla las que fueron monitoreadas durante un año.

La aportación de este trabajo reside en generar información que demuestre el comportamiento de las variables monitoreadas, datos exactos de precipitación y temperatura en el área del proyecto, y generar una comparativa entre datos de estaciones oficiales de dependencias y las estaciones establecidas, para esto se estableció una red de pluviómetros y termómetros los cuales se distribuyeron de manera estratégica para obtener datos diarios, con la finalidad de realizar el mapeo y el análisis correspondiente para definir el comportamiento de la precipitación y temperatura.

Metodología

El área de estudio se localiza al Noroeste de la Cabecera Municipal de Zacatlán, Puebla, abarcando las comunidades de Metlaxixtla, Huehueteco, Atexca, Las Lajas primera y segunda sección, Agua Zarca, Las Palmas y el Ejido de Pueblo Nuevo.

Para el establecimiento de redes pluviométricas se necesita información sobre el terreno, el uso de suelo y vegetación así como la pendiente del terreno, la accesibilidad del camino y la seguridad existente. En cualquiera de estos casos podemos analizar toda la superficie para poder determinar los sitios de las estaciones para monitoreo de precipitación y temperatura, es decir, examinar solo una parte de nuestra superficie mediante muestreo.

Para esta investigación se optó por un muestreo no probabilístico llamado muestreo por conveniencia, en el cual fueron seleccionados los sitios siguiendo determinados criterios tales como: isoyetas que son líneas que unen puntos con la misma precipitación, isotermas se refiere a líneas que unen la misma temperatura (Campos, *et. al*, 2012), usos de suelo y vegetación y altitud procurando, en la medida de lo posible, que la muestra fuese representativa. La selección de la muestra fue de forma arbitraria considerando la distancia entre las estaciones simples, sin criterio alguno que lo defina. Las unidades de la muestra eligieron de acuerdo a su fácil disponibilidad. (Casal, *et, al.* 2003).

El método por conveniencia es una forma rápida y sin costo, de obtener una muestra, además que no existen estudios previos sobre medición de las variables ambientales en la región que pudieran ser utilizadas como línea base o comparación para este estudio, aunado a eso los recursos otorgados han sido limitados, así mismo, las zonas cercanas al área de estudio presentan una alta inseguridad y difícil acceso de aquí que se optó por ampliar este diseño de muestreo para seleccionar los lugares más adecuados y que al mismo tiempo cubrieran el área de interés para el monitoreo de las variables de temperatura y precipitación.

De acuerdo a la metodología utilizada los sitios seleccionados fueron elegidos por su accesibilidad, el tipo de uso de suelo y vegetación, altitud, las isoyetas e isotermas dentro del área de interés y de igual forma se le dio importancia a la seguridad, es decir que fueran establecidas cerca de una vivienda o en terrenos donde se le pidiera permiso a los dueños para evitar el robo de los instrumentos de medición.

Tabla 1. Características de las estaciones de monitoreo de precipitación.

| | | Coordenadas | | | | | |
| | | Proyección UTM Datum WGS84 | | | | | |
No.	Nombre	X	Y	Altitud (msnm)	Uso de suelo y Vegetación	Isoyetas (mm)	Isotermas (°C)
1	Huehuetecaco	600242	2207905	2590	DV	1000-1100	13-14
2	Metlaxixtla 1	601517	2209729	2577	BP	1100-1200	14-15
3	Metlaxixtla 2	601292	2211543	2634	BP	1200-1300	14-15
4	Las Lajas 1	598625	2211598	2585	DV	1100-1200	13-14
5	Mina "Juvencia"	599397	2210292	2633	TA	1100-1200	13-14
6	Las Palmas	598383	2209255	2627	TA	1000-1100	13-14
7	Las lajas 2	597125	2211012	2548	TA	1000-1100	13-14
8	Agua Zarca	596050	2210183	2526	BPQ	1000-1100	13-14
9	Pueblo Nuevo	595573	2208500	2537	BPQ	900-1000	13-14
10	Atexca	597763	2206929	2588	BP/VSA	900-1000	13-14

DV: Sin vegetación aparente; BP: Vegetación primaria de bosque de pino; TA: Agricultura de temporal de ciclo anual; BPQ: Vegetación primaria de pino- encino; BP/VSA: Vegetación segundaria arbustiva de bosque de pino.

Emplazamiento del sitio y de los instrumentos de medición.

Utilizando como base la coordenada (UTM) central de la parcela, se procede a marcar cuatro puntos para delimitar el área de la parcela. En base a la guía de instrumentos y métodos de observación meteorológica, 1996 establece que las medidas de la parcela son 10 por 7 m, la parcela debe estar orienta hacia el norte. Algunas características tomadas en cuenta para el establecimiento del sitio son: no debe haber laderas inclinadas en las proximidades y el emplazamiento no debe encontrarse en una hondonada. Si no cumplen estas condiciones las observaciones pueden presentar sesgos importantes. La parcela debe estar alejada de árboles, edificios y cualquier obstáculo de gran altura. (Castro E. 2008)

La colocación de las parcelas en la zona de interés recibe gran importancia porque el número de pluviómetros y su ubicación determinaran la precisión de la cantidad de agua que ha caído en la zona. En cada punto de la parcela se colocaron postes de aproximadamente 1m de altura para delimitar el área que ocupara la estación.

Ubicando el punto central de la parcela se procede a cavar el hoyo para hacer la instalación del poste en el cual se colocan los instrumentos de medición (pluviómetro y termómetro), debe ser alguna base ya sea inferior o lateral. Si es lateral, la superficie recolectora debe quedar unos 10 cm sobre el extremo de la base o poste y el diámetro del poste debe ser mínimo de 4 pulgadas, el largo que debe tener es de 2 m, ya que la altura recomendada por la OMM es de 1.50 m es decir enterraremos 50 cm del poste para que quede a la altura deseada. La distancia entre cualquier obstáculo y el pluviómetro no debe ser inferior al doble la altura del objeto por encima del aparato y preferentemente debe de cuadriplicar la altura. (OMM 1996).

El pluviómetro debe instalarse aproximadamente a 1.50 m de altura de acuerdo a la Organización Meteoróloga Mundial (1994), la boca (parte ancha del pluviómetro) debe estar a esta altura. Por lo general se instala en un poste de madera o cualquier objeto que permita que el instrumento esté a la altura recomendada y que no bloquee la parte superior del pluviómetro, por donde debe ingresar el agua de lluvia. Para este caso se colocara una escuadra de metal la cual ira en la parte superior del poste para facilitar el trabajo al retirar el pluviómetro, esta deberá de ser de 2.6 cm de diámetro y 30 cm de alto. Considerando que se utilizo el pluviómetro TFA 47.1001.

Para poder obtener una correcta medición de la temperatura del aire deben cumplirse los siguientes requisitos:

Se debe poner en contacto el termómetro con el aire dentro de la caseta o abrigo meteorológico, para evitar que los objetos cercanos transfieran calor por radiación o por reflexión de los rayos solares especialmente. El abrigo meteorológico debe estar bien ventilado, situado en un lugar donde el aire circule libremente, para que el termómetro sea capaz de captar las variaciones de la temperatura de éste.

El termómetro deben de estar en una área protegida de los rayos del sol, esta debe sobre la pared interna, a una altura entre 1.5 y 2.0 metros, en forma horizontal, formando un ángulo de 2°.

Esto se debe a que al calentarse la superficie terrestre por la radiación solar, que es la principal fuente de calentamiento del aire, el cual adquiere su temperatura por contacto con el suelo más frío o caliente por conducción y luego en el mismo aire, se produce una mezcla de calor por convección; esto varía con la altura

La medición de los instrumentos debe medirse a las 7:00 am y todos los días. Debe revisarse si han caído objetos ajenos al pluviómetro de existir hojas, insectos u otros objetos ajenos deben retirarse cuidadosamente sin derramar el agua, se prosigue con la medición del pluviomero y termómetro, anotando los dato en la bitácora (OMM, 1996).

Métodos de interpolación para mapas de precipitación y temperatura.

La necesidad creciente de estrategias de manejo más integrales y amplias, en el ámbito forestal implica el uso de herramientas técnicas y científicas comunes, estandarizadas y homogeneizadas, dentro de las cuales la clasificación y el mapeo son esenciales (UNESCO, 2006).

Las herramientas de interpolación IDW (Distancia inversa ponderada) y Spline son consideradas métodos de interpolación determinísticos porque están basados directamente en los valores medidos circundantes o en fórmulas matemáticas especificadas que determinan la suavidad de la superficie resultante. Hay una segunda familia de métodos de interpolación que consta de métodos geoestadísticos, como kriging, que está basado en modelos estadísticos que incluyen la autocorrelación, es decir, las relaciones estadísticas entre los puntos medidos. Gracias a esto, las técnicas de estadística geográfica no solo tienen la capacidad de producir una superficie de predicción sino que también proporcionan alguna medida de certeza o precisión de las predicciones (ESRI, 2016).

Método de interpolación seleccionado

Kriging es un procedimiento avanzado que genera una superficie estimada a partir de un conjunto de puntos dispersados con valores z. A diferencia de otros métodos de interpolación en el conjunto de herramientas de Interpolación, utilizar la herramienta <u>Kriging</u> en forma efectiva implica una investigación interactiva del comportamiento espacial del fenómeno representado por los valores z antes de seleccionar el mejor método de estimación para generar la superficie de salida. Kriging presupone que la distancia o la dirección entre los puntos de muestra reflejan una correlación espacial que puede utilizarse para explicar la variación en la superficie. La herramienta Kriging ajusta una función matemática a una cantidad especificada de puntos o a todos los puntos dentro de un radio específico para determinar el valor de salida para cada ubicación. Kriging es un proceso que tiene varios pasos, entre los que se incluyen, el análisis estadístico exploratorio de los datos, el modelado de variogramas, la creación de la superficie y (opcionalmente) la exploración de la superficie de varianza. Este método es más adecuado cuando se sabe que hay una influencia direccional o de la distancia correlacionada espacialmente en los datos. Se utiliza a menudo en la ciencia del suelo y la geología.

El método kriging es similar al de IDW en que pondera los valores medidos circundantes para calcular una predicción de una ubicación sin mediciones.

La fórmula general para ambos interpoladores se forma como una suma ponderada de los datos:

$$\hat{Z}(s_0) = \sum_{i=1}^{N} \lambda_i Z(s_i)$$

Donde:

$Z(S_i)$= el valor medido en la ubicación i
λ_i= una ponderación desconocida para el valor medido en la ubicación i
s_0= la ubicación de la predicción
N= la cantidad de valores medidos

Se seleccionó Krigin como método de interpolación ya que Izquierdo, T. y Márquez, A. en 2006 realizaron un estudio sobre comparación de métodos de interpolación para la realización de mapas de precipitación para el acuífero de Icud- Cañadas, mostro que ventaja teórica de este método es la posibilidad de modelar la dependencia espacial de los datos por lo que aporta mejores resultados entre otros métodos de interpolación, siendo para este estudio lo más importante la generación de mapas mensuales confiables y no la estimación de la precipitación y temperatura media mensual, seleccionando kriging ya que tienen el menor grado de error y homogeniza todos los valores dentro de la zona de estudio, de igual forma Andrade, L. y Moreano, R (2013). generaron un sistema de información para la interpolación de datos de temperatura y precipitación en el Ecuador, en 2013 ellos probaron dos modelos de interpolación IDW y Kriging determinando que Kriging arroja menor error en especial para la variable temperatura, y el método de IDW presento errores más bajos para la precipitación, en el año siguiente se reitera que el método de Krigin es el mejor para realizar interpolaciones para la construcción de mapas ya que Rodríguez, J.M.(2014) en su estudio aplicación de métodos de interpolación para el cálculo de precipitación por modelamiento geoestadístico y análisis espacial menciona que IDW presenta mayor variabilidad espacial en estaciones con valores extremos y con Kriging se obtienen mapas con mayor suavizado.

Análisis de datos

Los métodos estadísticos tradicionalmente se utilizan para propósitos descriptivos, para organizar y resumir datos numéricos. La estadística descriptiva, por ejemplo trata de la tabulación de datos, su presentación en forma gráfica o ilustrativa y el cálculo de medidas descriptivas.

Para el siguiente trabajo utilizamos una serie de fórmulas para determinar el comportamiento de los datos de precipitación y temperatura obtenidos un año de monitoreo, correspondientes a 10 estaciones termopluviométricas de las cuales se tomaron los promedios mensuales para la elaboración del análisis estadístico. La metodología que utilizamos para medir las características de la información así como para resumir los valores individuales y analizar los datos a fin de extraerles el máximo de información.

En la actualidad, se utiliza las computadoras para aplicar los métodos estadísticos a la resolución de problemas. Por consiguiente, se recomienda integrar la computadora ya que esto pude mejorar el avance de la investigación así como la comprensión de los resultados obtenidos (Douglas et. al, 1998).

Resultados y discusión

Analisis de los valores obtenidos de precipitacion.

Con los valores de precipitación mensual tomados durante un año se realiza el análisis estadístico en los cuales N representa el número de meses monitoreados los cuales son 12, el promedio da como resultado 90.3mm es decir que estadísticamente cada mes se precipitan 90.3 l/m^2, el valor del rango en este caso es de 184.9 mm lo que nos indica la diferencia entre el registro mínimo (2.5 mm) y el máximo (187.4 mm). La varianza que se registra es de 5944 mm el cual nos indica el grado de dispersión respecto a la media (90.3 mm) en este caso se puede apreciar un alto grado de diferencia debido a el comportamiento cambiante a rangos altitudinales cortos en la que se encuentran las estaciones de monitoreo, lo cual se pude apreciar de una forma más clara revisando el valor de la desviación estándar la cual es de 77 mm esta se puede considerar numéricamente alta por estar muy cercana al promedio, lo cual nos permite hacer referencia al coeficiente de variación (0.85) que nos indica un grado de variación en los datos cercano al doble de la media para el registro más alto y muy cercana a 0 para el registro más bajo.

El atlas de riesgos del municipio de Zacatlán estima un promedio de 220 mm de precipitación anual, el cual en el mes de septiembre se presentan hasta 30 % de precipitación con relación al total del año, mientras los meses de enero a mayo se tienen precipitaciones promedio menores a 100 mm. De acuerdo a los valores obtenidos en la red termopluviométrica los meses de septiembre, octubre, julio y agosto representan el 68% de la precipitación promedio anual marcando claramente las épocas de lluvia para la región, mientras los meses de diciembre, enero, febrero, marzo y abril registran precipitaciones promedio menores a 50 mm.

A continuación se representa gráficamente el comportamiento de las variable precipitación, durante un año de monitoreo

Los meses con mayor precipitación son septiembre (187.4 mm), octubre (184.2 mm), julio (182.6 mm) y agosto (184.3 mm) así mismo los meses que se tiene un grado de precipitación bajo son diciembre (12.2 mm), enero (16.2 mm) y febrero (2.5 mm), cabe resaltar que los meses de noviembre, marzo, abril, mayo y junio se encuentran dentro de la media promedio de precipitaciones para la zona con datos de 78.8, 19.8, 39.4, 51, 125.6 mm respectivamente esto es debido a que el comportamiento climático sigue un patrón dependiendo de las estaciones que se presentan a lo largo del año (Primavera, verano, otoño e invierno).

De acuerdo al reporte anual 2015 de CONAGUA el mes de septiembre en el estado de puebla registro precipitaciones mayores a 400 mm datos históricos puesto que no se habían registrado desde el año 1941 es importante resaltar que las estaciones termopluviométricas registraron valores de 187.4 milímetros para el mismo mes siendo este el mes más respecto al año de monitoreo. El 19 de octubre del 2015 fue el día más lluvioso registrado en la red termopluviométrica con valores de 40.8 mm, debido a la interacción del huracán patricia el cual entro por el océano atlántico a las costas mexicanas como un huracán de categoría 5 en la escala Saffir Simpson, con vientos mayores a 300 kilómetros. CONAGUA 2016 El día 6 de agosto del 2016 la red termopluviométrica registró valores de 103.2mm esto provocado por la tormenta tropical Earl de categoría 4 en la escala Saffir Simpson el cual azoto las costas mexicanas principalmente los estados de Veracruz y Puebla. (CONAUA 2016).

Análisis de los valores obtenidos de temperatura máxima.

La temperatura máxima de 12 meses de monitoreo, se realiza el análisis estadístico de los datos de temperatura máxima promedio en la cual N representa el número de meses que se monitorearon, el promedio que se obtuvo fue de 23.3°C el cual estadísticamente seria la temperatura máxima para todos los meses, el valor del rango que se obtuvo es de 10.7°C lo cual es la diferencia entre en valor mínimo (17.3°C) y el valor máximo (28°C). La varianza que se obtuvo es de 9°C es decir que de acuerdo a la media el grado de dispersión es relativamente alto de igual forma la desviación estándar es de 3°C que nos indica el comportamiento de la temperatura máxima de acuerdo a su media.

De acuerdo a la temperatura máxima mensual monitoreada pudimos observar que los meses que tienen los valores extremos son en abril (27.5°C) y mayo (28.5°C), cabe señalar que en estos meses se presenta el fenómeno conocido como canícula. Es importante mencionar que la temperatura tiene un grado de menor variabilidad respecto a la precipitación lo que explica porque se tienen valores muy similares a lo largo del año si embargo el mes de febrero reporta 17.3°C de temperatura máxima siendo este clasificado como el mes más frio de año monitoreado.

Analisis de los valores obtenidos de temperatura minima.

A partir de la temperatura mínima mensual, se realiza el análisis estadístico de los datos de temperatura mínima promedio en la cual N representa el número de meses que se monitorearon, el promedio que se obtuvo fue de 8.5°C el cual estadísticamente seria el comportamiento de cada mes a lo largo de un año, el valor del rango que se obtuvo es de 10.2°C lo cual es la diferencia entre el valor máximo (13.1°c) y el valor mínimo (2.9°c). La varianza para este caso es de 10.6 °C lo que nos indica que hay muy poca dispersión respecto a su media mientras que la desviación estándar es de 3.2°C de igual forma el coeficiente de variación es de 0.4.

La temperatura mínima mensual se observo una diferencia notable entre los meses de enero (2.9°C) y mayo (13.1°C) con una diferencia de 10.2°C. Los meses que registran la temperatura más baja son enero (2.9°C) y febrero (3.1°C) es importante señalar que las temperaturas más bajas comúnmente se presentan en diciembre y enero, sin embargo se puede apreciar que existe un mes de diferencia, con los patrones definidos del comportamiento de la temperatura mínima.

De acuerdo al reporte de CONAGUA los meses de enero y febrero son los más fríos del año 2016 registrando valores de 7.5 y 7.0 °C respectivamente coincidiendo con el reporte de CONAGUA, 2016 los meses que registraron los valores más bajos en la red termopluviométrica son enero (2.9°C) y febrero (3.1°C) esto se debido a la escala con la cual se realizó el monitoreo, la red termopluviométrica registro el 10 de febrero valores de 0.63 °C mínima el cual se registró como el día más frio a lo largo del periodo de monitoreo, así mismo la estación denominada Atexca registro valores de -3.5°C bajo cero el día 19 de enero de 2016.

Mapas de precipitación y temperatura

A continuación se presentan los resultados obtenidos a partir del monitoreo de la red termopluviométrica en un periodo de 12 meses (septiembre 2015-agosto 2016) y así mismo los resultados obtenidos a partir de 8 estaciones climatológicas de CONAGUA cercanas al área de estudio con la finalidad de demostrar diferencias entre datos utilizados.

Mapa de precipitación de estaciones termopluviométricas.

En este mapa se muestra la precipitación media mensual, valor que se obtiene a partir del promedio de las lluvias registradas en los doce meses del año. En la zona de estudio este valor se distribuye de forma irregular, aunque mantiene una estrecha relación con la configuración del relieve. En el mapa se puede apreciar que su distribución espacial presenta las siguientes características:

- Las precipitaciones disminuyen de Noreste (N-E) a Suroeste (S-O).
- La escases de precipitación disminuye a medida que se adentra hacia el centro del país.

Las precipitaciones más importantes tienen lugar en las laderas de los sistemas montañosos situadas a lo largo de la Sierra Norte de Puebla.

Mapa de precipitación de estaciones climatológicas de CONAGUA.

El siguiente mapa de precipitación fue obtenido de las estaciones climatológicas cercanas al área de estudio, se elaboró a partir de información emitida por CONAGUA de la cual solo se consideraron aquellas estaciones que registraran un año completo de datos el cual fue 2014, considerando la misma metodología utilizada para los mapas de estaciones termo pluviométricas. Determinado como resultado que el área del proyecto se encuentra entre las Isoyetas 700 mm – 1200 mm. El comportamiento de las precipitaciones se determino con tendencia a las partes montañosas del estado de Puebla.

Comparación

De acuerdo a los mapas obtenidos se refleja una diferencia en precipitación mínima de 150 mm y para las precipitaciones máximas de 125 mm. El comportamiento de la precipitación en el caso de las estaciones climatológicas es con dirección Este registrando valores de hasta 5,000 mm. en la estación más lejana. Para el caso de la red termopluviométrica el comportamiento de las precipitaciones es con dirección Norte registrando valores máximos de 1325mm.

Mapa de temperatura de estaciones termopluviométricas.

La metodología seguida en la elaboración del mapa de isotermas ha partido de considerar la variable altitud, en función de la cual varía la temperatura. El mapa muestra la temperatura promedio anual la cual se obtuvo a partir del promedio de la temperatura máxima y mínima registradas en la red termopluviométrica, y se determinó la variación dentro del área de interés es baja.

El trazo de las isotermas se realizó cada 1°C de diferencia debido a que el área de estudio es relativamente pequeña y el objetivo es representar el comportamiento a un escala adecuada al tamaño del sitio de interés, estos valores representan idealmente el comportamiento del clima.

Mapa de temperatura de estaciones climatológicas de CONAGUA.

El mapa de temperatura se obtuvo a partir de valores registrados en la estaciones climatológicas más cercanas al área de estudio, para su procesamiento se desarrolló con la misma metodología que el de las estaciones termopluviométricas. Para su representación se delimitaron las isotermas a cada dos grados de distancia para obtener una mejor representación.

Se determino que el área del proyecto se encuentra entre las isotermas 12 °C - 14°C y su comportamiento va claramente con una dirección Noreste.

Comparativa

De acuerdo a los mapas obtenidos se observo una diferencia mínima del cambio de temperatura ya que nuestra área de estudio se encuentra entre 15.65°C y 16.41°C sin perder de vista que las temperaturas más bajas se registran hacia la parte norte del área de estudio, en el caso del mapa de estaciones climatológicas de CONAGUA el área de estudio se encuentra entre los 12°C y 14°c, en el mapa que las temperaturas máximas se registran hacia el noreste con 25.5°c en la estación de Progreso de Zaragoza. Cabe señalar que la diferencia existente entre las temperaturas mínimas es de 3.6°c y para el caso de las temperaturas máximas es de 2.4°C.

Climograma

Los resultados que se obtuvieron durante un año de monitoreo se plasmaron en un Climograma en que se utilizaron valores de precipitación promedio mensual y temperatura media y es así como podemos observar cada una de las variables y su comportamiento.

Se puede observar un incremento relativamente alto en los meses de septiembre y octubre del 2015 al igual que en los meses de junio (125.6 mm), julio (182.6 mm) y agosto (184.3 mm) del 2016, mientras que los meses con menores precipitaciones son de diciembre (12.2

mm), enero (16.2 mm), febrero (2.5.mm) y marzo (19.8 mm), el mes lluvioso fue septiembre del 2015 con 187.4 mm y el más seco fue febrero del 2016 con 2.5 mm. Por otro parte la temperatura promedio se comporta de una manera más homogénea sin embargo el mes más caliente fue mayo (20.6°C) seguido por abril (19.4°C), mientras que el mes más frio fue febrero con una temperatura de 10.2°C.

Analizando lo anterior se puede relacionar que el comportamiento de la temperatura sigue un patrón similar al de la precipitación puesto que cuando existe mayor grado de precipitación la temperatura aumenta y por lo contrario los meses con menor precipitación la temperatura de igual forma tiende a disminuir, como se observa en la grafica 1.

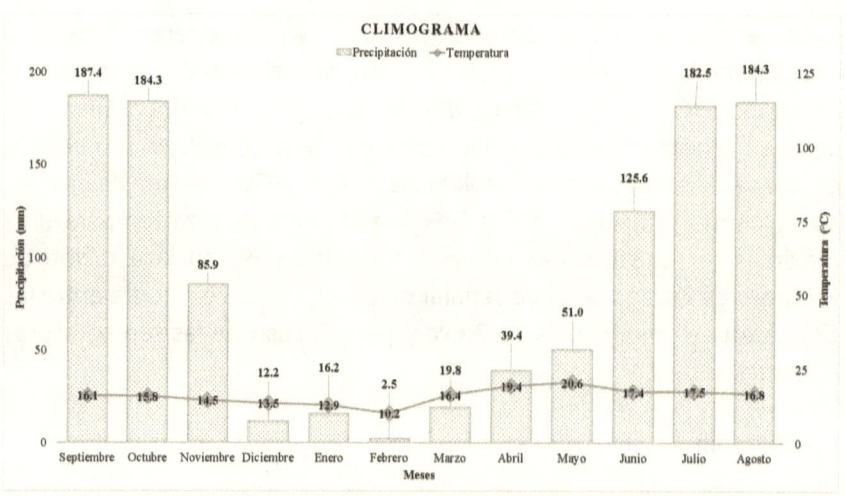

Grafica 1. Climograma.

Agradecimiento

Nos gustaría que estas líneas sirvieran para expresar nuestro más sincero agradecimiento a todas aquellas personas que con su ayuda han colaborado en la realización del presente trabajo, en especial al Dr. José Justo Mateo Sánchez y al Ing. Felipe Neri Hernández Soto.

Conclusiones

Como se mencionó anteriormente los datos obtenidos de la red termopluviométrica tiene grandes diferencias con respecto a los datos que se obtuvieron de las estaciones climatológicas de CONAGUA para poder realizar el análisis, se obtuvieron datos de 10 estaciones termopluviométricas, las cuales fueron ubicadas estratégicamente de acuerdo a su grado de representatividad, obteniendo la precipitación total anual con valores de: 1128 mm y la temperatura promedio 15.98°C (método aritmético). Los principales resultados obtenidos fue el contar con un una base de datos actualizada del periodo septiembre 2015- Agosto 2016, partir de la cual se generó una serie de análisis que nos permitirán sentar las bases para futuras investigaciones a través de análisis como análisis estadístico, graficas de temperatura, régimen de precipitación, variabilidad estacional, lluvia, acumulada, climograma, definición del año hidrológico así como el mapeo del comportamiento de dichas variables en la zona de estudio. Con la finalidad de ofrecer esta información a todas aquellas personas que participan en proyectos de: abastecimiento forestal, manejo forestal, obras de conservación y restauración, plantaciones forestales, extracción de minerales, y actividades relacionadas con el sector forestal. Sin embargo, no es una tarea sencilla para áreas donde no se cuenta con información suficiente para el correcto análisis de los datos. La falta de esta información se debe a diferentes circunstancias, entre ellas, la más significativa, es la falta de registros pluviométricos y de temperatura en la zona de estudio donde se requiere la elaboración de algún estudio que necesite de esta información, las estaciones deben ser correctamente distribuidas espacialmente para poder interpretar correctamente los datos que estamos analizando y así disminuir los posibles errores generados. De no existir datos actualizados en la región comúnmente es necesario utilizar otros métodos que nos permitan estimar la precipitación y temperatura.

En la actualidad contar con información actualizada en las estaciones termopluviométricas es sólo el primer paso de un largo trecho para realizar diseños confiables de obras o actividades dentro del área forestal, es por ello que esta investigación procuró el establecimiento de la mayor cantidad de estaciones termopluviométricas localizadas en el área de interés, de esta manera se puede contar con información y elaborar mapas con mayor confiabilidad y representatividad de la zona de estudio.

Algunas de las recomendaciones puntuales para dan seguimiento a este proyecto serian:

- Mantener en operación la red termopluviométrica.
- Ampliar la red, no solo en número, sino en equipos y seguir con el estudio para obtener datos indispensables para estudios de cambio climático.
- Integrar a la red a escuelas empresas, particulares y personas interesadas.
- Mejorar los equipos (si existen condiciones).
- Se sugiere aumentar la medición de variables como presión atmosférica, radiación.
- Utilizar la metodología empleada para obtener información en otras áreas de interés.
- Seguir generando proyectos de este tipo con la finalidad de obtener información actualizada de sitios de interés.
- Finalmente ampliar el periodo de análisis para reforzar las conclusiones aquí obtenidas.

Referencias

Andrade, L. & Moreano, R. (2013). Sistema de Información para la Interpolación de datos de Temperatura y de Precipitación del Ecuador. Revista Politécnica, 32 (1), 75-75.

Campos. C. I., Ramírez, J. I. & Sánchez, D. A. (2012). Métodos para determinar la precipitación promedio en una cuenca hidrográfica análisis de consistencia de los datos de precipitación. Recuperado 17 de octubre de 2015 de https://es.slideshare.net/carlosismaelcamposguerra/mtodos-para-determinar-la-precipitacin-promedio-en-una-cuenca-hidrogrfica-anlisis-de-consistencia-de-los-datos-de-precipitacion

Castro, E. (2008). Manual de Procedimientos para las Estaciones Meteorológicas. Recuperado el 27 de octubre de 2015 desde: http://www.ots.ac.cr/meteoro/files/manual.pdf?pestacion=1

ESRI. (2016). How Kriging Works. Recuperado el 6 de noviembre de 2015 desde: https://pro.arcgis.com/es/pro-app/tool-reference/3d-analyst/how-kriging-works.htm

Izquierdo, T. & Márquez, A. (2006). Comparación de métodos de interpolación para la realización de mapas de precipitación para el acuífero de Icod-Cañadas (Tenerife, Islas Canarias). Geogaceta, 40, 307-310.

OMM, Guía de Prácticas Hidrológicas; Adquisición y Proceso de Datos, Análisis, Predicción y otras Aplicaciones. (1994). (5a, ed.). Organización Meteorológica Mundial.

OMM. 1996. Compendio de apuntes sobre Instrumentos Meteorológicos para la formación del personal meteorológico de las clases III y IV. Volumen I: Parte I -Instrumentos meteorológicos. Parte II-Taller de mantenimiento, laboratorios de calibración de los Instrumentos meteorológicos. Secretaria de la Organización Meteorológica Mundial. Ginebra, Suiza.

OMM-Guía de prácticas hidrológicas Volumen I Hidrología – De la medición a la información hidrológica. (2011). (6a. ed.). Organización Meteorológica Mundial.

Rodríguez, J. (2014). Aplicación de métodos de interpolación para el cálculo de precipitación por modelamiento geoestadístico y análisis espacial para el departamento de cundinamarca. Nueva Granada, Colombia.

UNESCO. (2006). Guía metodológica para la elaboración del mapa de zonas áridas, semi-áridas y sub-húmedas secas de América Latina y el Caribe. Montevideo, Uruguay: UNESCO.

EVALUACIÓN DE EROSIÓN HÍDRICA EN LA MICROCUENCA DE LAS LAJAS DEL MUNICIPIO DE ZACATLAN, PUEBLA

Olvera Maldonado Juan[1], Hernández Soto Neri[2].

Instituto Tecnológico Superior de la Sierra Norte de Puebla[1,2].
Juanluisom92@gmail.com[1]
feneheso@gmail.com[2]

Resumen

El cambio de uso de suelo desordenado y acelerado es un gran problema en el estado, que incrementa la perdida de vegetación y la degradación del suelo debido principalmente a la erosión hídrica. El objetivo de este trabajo fue estimar la pérdida de suelo a nivel de la microcuenca hidrográfica Las Lajas, ubicada en el municipio de Zacatlán, al norte del estado de Puebla, México. Se aplicó un método para la estimación por la Ecuación Universal de Perdida de Suelo Revisada "RUSLE" desarrollado por Wischmeier y Smith en 1978, por Sistemas de información geográfica (SIG) adaptando las formulas mediante el álgebra de mapas. Los valores de erosión obtenidos por SIG se estiman en 6.3 ton/ha/año demarcando al área en un grado de erosión leve. Se observó que el método Sistemas de Información Geográfico se sobreestimo el factor LS, probable debido a la resolución del modelo utilizado. Finalmente, se elaboró un mapa de erosión en base al cual se proponen zonas críticas para la aplicación de medidas de conservación de suelos.

Palabras clave: erosión, micro cuenca, SIG, RUSLE,

Sumary

The change in the use of disordered and accelerated soil is a big problem in the state, which increases the loss of vegetation and the degradation of the soil, mainly due to water erosion. The objective of this work was to estimate the loss of soil at the level of the Las Lajas micro wathershed, located in the municipality of Zacatlán, north of the state of Puebla, Mexico. A method was applied for the estimation by the Universal Equation of Lost of Soil Revised

"RUSLE" developed by Wischmeier and Smith in 1978, by Geographic Information Systems (SIG) adapting the formulas by means of the algebra of maps. The erosion values obtained by GIS are estimated at 6.3 tons/ ha / year demarcating the area in a degree of slight erosion. It was observed that the Geographical Information Systems method overestimated the LS factor, probably due to the resolution of the model used. Finally, an erosion map was drawn up on the basis of which critical zones are proposed for the application of soil conservation measures.

Keywords: erosión, micro wathershed SIG, Excel, RUSLE

Introducción

El suelo es un cuerpo natural, dinámico de una gran variación que sirve como medio para el crecimiento de las plantas. Está formado por elementos y compuestos de naturaleza minera, orgánica y por organismos vivos, (SEMARNAT, 2015).

La erosión como un fenómeno sobre el suelo, es el desgaste que se produce en la superficie del suelo por la acción de agentes externos (como el viento o el agua) o por la fricción continua de otros cuerpos. La erosión hídrica es el proceso por el cual se produce los desprendimientos, transporte y destitución del suelo por la energía cinética de la gota de lluvia, la escorrentía en movimiento y la gravedad, (Cisneros, et al., 2012).

Actualmente la erosión hídrica es uno de los principales agentes causantes del deterioro del suelo. Además, la mixtura de factores naturales como clima, el suelo, la topografía, y los factores antropogénicos como las prácticas de conservación y manejo de cultivos, afectan la erosión del suelo, (FAO, 1992).

En México debido a la orografía accidentada, gran parte del territorio está expuesto a la erosión, particularmente a la erosión hídrica. Esto lleva a la pérdida de un recurso natural, el suelo (CENAPRED, 1994, citado por González, 2010).

En nuestro país se han realizado numerosos estudios para evaluar de alguna manera la erosión hídrica, se han utilizado diversas metodologías para la estimación y predicción de erosión hídrica tanto de forma directa como indirecta. Entre las utilizadas comúnmente se destaca; la "Ecuación Universal de Pedida de Suelo" UEPS o más conocida como "USLE" por sus siglas en inglés.

En el Municipio Zacatlán existen pocos estudios relacionados a la perdida de suelo, y en particular en la micro cuenca Las lajas son nulos, por lo que resulta de gran importancia la realización de estudios que permitan tener una estimación de su estado actual y un rango de suelo perdido, demás, que demarque los diferentes aspectos que son agentes de la erosión, tales como: la agricultura, minería, mancha urbana y además suelos desprovistos de vegetación.

La utilización de una u otra metodología generalmente depende de los objetivos, del área fisiográfica, de los recursos disponibles; económicos, humanos y científicos. Lo que afecta directamente (positivo o negativamente) los resultados de la evaluación. Además, la falta de información relativa a las metodologías dificulta su adecuada utilización al momento de realizar una investigación.

Área de estudio.

La microcuenca de estudio se localiza en el municipio de Zacatlán, Puebla entre las coordenadas 20°01'01'' norte y 98°07'27'' oeste con una superficie de 1305.206 ha, a una altura de 2300 msnm en la parte más alta y a 1900 msnm en la parte más baja (figura 1).

De acuerdo con la clasificación climática de Köppen, modificada por García (1988), el clima se define en dos, el primero C(w2): Templado, subhumedo, temperatura media anual entre 12°C y 18°C, precipitación en el mes más seco menor de 40 mm; lluvias de verano con índice P/T mayor de 55 y porcentaje de lluvia invernal del 5 al 10.2% y ocupa el 66% de la superficie, 847.51 ha del total.Y el segundo C (m)(f): Templado, húmedo, temperatura media anual entre 12°C, precipitación en el mes más seco menor de 40 mm; lluvias de verano y porcentaje de

Los tipos de vegetación presentes en el área de estudio, según el inventario del estado de Puebla en la carta de recursos forestales con clave E14-B13 (CONAFOR, 2013), son: agricultura de temporal de ciclo anual con 702.31 ha que representan el 55.1% de la superficie total del área de estudio, vegetación de bosque de pino con 466.010 ha que representa el 36.63 %, y vegetación inducida de pastizal con 26.90 ha que representa el 1.95 % de la superficie total, el restante 6.39% 80.33 ha no presentan una vegetación aparente.

Figura 1 Localización geográfica de la micro cuenca
hidrográfica Las lajas

Metodología.

Con el fin de poder evaluar las distintas condiciones presentes en el
área de estudio se decidió clasificarla utilizado un diseño aleatorio
estratificado en base (Hernadez, 2001), por lo anterior, se realizó una
clasificación geomorfológica de la microcuenca usando el software
Arcgis 10.3, sobre poniendo información de las cartas de geología
E14-2 del SGM (2002), pendiente (elaboración propia) y edafología
INEGI (1997). La clasificación de pendiente se realiza en base a Lugo
(1989), donde "pendiente suave" corresponde a terrenos casi planos,
con 2 a 5 grados; "pendiente tendida" se refiere a terrenos con 5 a
15 grados; "pendiente media" a terrenos con pendientes entre 15 y
35 grados y "pendiente abrupta" a terrenos con más de 35 grados de
pendiente.

La estimación de los factores necesarios para la ecuación RUSLE se
estimaron de la siguiente manera;

El factor R se obtuvo con los datos de precipitación de 6 estaciones
climatológicas ubicadas en el Municipio de Zacatlán, Puebla y la zona
de influencia, dichos datos se tomaron de las normales climatológicas
del Servicio Meteorológico Nacional, una vez obtenidos estos datos se
utilizó el programa Arcgis 10.3 y la herramienta de interpolación spline

para estimar valores de precipitación en el total de la microcuenca. El cálculo del factor se efectuó mediante el índice de erosividad (EI30) utilizando la fórmula propuesta por Cortes (1991) y su mapa de regiones. En la cual se observó que la región en la que se encuentra el proyecto, es la Zona IX cuya fórmula se presenta a continuación.

$$Y= 7.0458X - 0.002096X^2, \text{ con } R^2=0.97$$

Donde:

Y = EI30 anual (MJ mm/ha hr) X = Lluvia anual en mm.

Para estimar el valor erodabilidad del suelo utilizo la ecuación de Wischmeier(1978) en donde intervienen 5 parámetros del suelo que son:

1.-% de limos + arenas muy finas
2.- % de arenas
3.- % de materia orgánica
4.- estructura
5.- permeabilidad

La relación de los parámetros anteriores para la estimación de K, es la siguiente:

$$k = \frac{2.1 * 10 - 4(12 - a)M1.14 + 3.25(b - 2) + 2.5(c - 3)}{100}$$

Donde:

K = es la erodabilidad del suelo (t ha h/ha MJ mm)
a = contenido de materia orgánica en %; si MO > 4, a = 4
b = es un código de estructura del suelo
c = es un código de permeabilidad del suelo.

para determinar el valor de erodabilidad del suelo fue utilizada la clasificación propuesta por Wischemeier et al (1978).

Para calcular el factor de longitud de la pendiente (L) se utilizó la función:

$$L = (x/22.13)^m$$

Donde:

x = Longitud de la pendiente en metros.
m = Exponente grado de pendiente. Este valor está influenciado por interacciones de la longitud de la pendiente con la inclinación y también por las propiedades del suelo.

La magnitud del exponente (m) varía en función de la pendiente del terreno, siendo sus valores entre 0.2 y 0.6, como se indica a continuación (Mitchell 1984):

m = 0.2 si la pendiente del terreno es menor a 1 %
m = 0.3 para pendiente entre 1 % y 3 %
m = 0.4 para pendiente entre 3 % y 5 %
m = 0.5 para pendiente entre 5 % y 10 %
m = 0.6 si la pendiente es mayor a 10 %

Para el cálculo del factor S, (Wischmeier, 1978) determinó la relación del grado de pendiente con la erosión con la siguiente ecuación:

$$S = 0.065 + 0.045s + 0.0065s^2$$

Donde:

S = Factor de gradiente de pendiente, para usar en la EUPS.
s = Pendiente del terreno en porcentaje

Puesto que en la EUPS dichos factores son multiplicativos, se puede unir ambas ecuaciones obteniendo el valor conjunto del factor por topografía LS, (Becerra, 1999):

$$LS = (x/22.13)^m (0.065 + 0.045s + 0.0065s^2)$$

El factor de cobertura vegetal (C) se estimó utilizando la carta de recursos forestales con clave E14-B13 (CONAFOR, 2013), se elaboraron polígonos de acuerdo a cada uso de suelo, posteriormente se realizó una verificación en campo de los usos de suelo presente, asignando los usos de suelos correspondientes como: vegetación primaria de bosque de pino, vegetación secundaria arbustiva de bosque de pino, vegetación primaria de bosque de pino-encino, vegetación inducida de pastizal y agricultura de temporal de ciclo anual.

Teniendo el mapa actual de Uso de suelo y comparando los datos obtenidos fueron asignados los valores del factor de acuerdo a los valores correspondientes y propuestos por Chapingo (2002). En base a lo anterior los valores seleccionados para agricultura de temporal, vegetación de bosque de pino, vegetación de bosque de pino encino, vegetación inducida de pastizal y si vegetación aparente son; 0.6,0.1,0.1 y 1 respectivamente.

El factor de prácticas de conservación (P) se determinó de acuerdo a recorridos de campo estimando un valor de 0.75 para las áreas agrícolas y un valor de 1 para las demás áreas, pues no se presentaban en estas prácticas de conservación.

Los valores de textura y la materia orgánica (MO) del suelo utilizadas se obtuvieron de un muestreo dentro de la cuenca en una malla con puntos equidistantes cada 500 m y se localizaron geográficamente con un sistema de posicionamiento global (GPS por siglas en inglés); la muestra se tomó a una profundidad de 30 cm. A partir de este muestreo se generaron mapas tipo 'raster' con resolución de píxeles cada 30 m, en el programa Arcgis 10.3 y su herramienta de interpolación IDW.

Resultados y discusión

Los resultados obtenidos suponen la perdida promedio de 6.30 ton/ha/ año promedio para erosión actual. Por lo que se determinó que para el total del área de investigación de 1305.20 ha se pierden 8028.39 ton/ ha/año. Siendo el 23% del área con mayor grado de erosión con 16.74

ton/ha/año, seguida del 16% con 15.7 ton/ha/año, el 41% con 0.08 ton/ha/año y el 20% 0.04 ton/ha/año respectivamente.

El comportamiento espacial de los factores y el resultado final del comportamiento de la erosión hídrica en la microcuenca se puede observar en la figura 2.

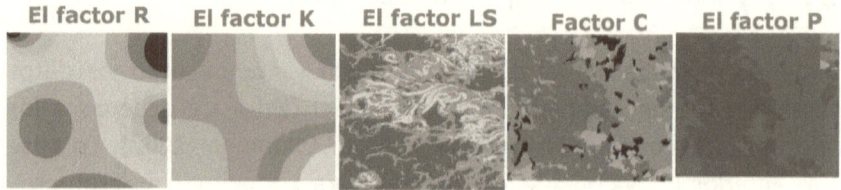

Figura 2 Comportamiento espacial de los factores R K LS C P

La figura.2 representa el comportamiento espacial de los factores R, K, LS C Y P. Se puede apreciar un comportamiento de factor R con valores de precipitación de hasta 1178.48 mm al año, aunque en general el área se encuentra en 775.221mm y 926.441 mm de precipitación anual. El comportamiento del factor K parece conseguir una relación positiva con el comportamiento espacial del tipo de suelo presentes en el área. representa el comportamiento espacial de los factores LS. En ella se puede apreciar un comportamiento del factor L tendiendo a demarcarse más en la parte central del área, esto debido a que es en esta zona en donde se encuentra el parteaguas de las dos subcuencas, RH27Bb-R. Necaxa y RH27Bc-R. Laxaxalpan., es decir, es la parte en la que la orografía presenta mayor disección. De igual manera el factor S presenta mayor demarcación en el área central encontrándose pendiente mayores a 35grados.

De igual forma el comportamiento de factor C responde a la distribución encontrada en la carta de vegetación antes mencionada. El factor P de prácticas de manejo, estimado de acuerdo a recorridos de campo, responde en cierta medida a las condiciones reales, pero representa un comportamiento sobre las áreas con efecto de las actividades de protección y manejo y no un comportamiento lineal como en realidad son las obras en el área de estudio.

Los resultados anteriores parecen corresponde positivamente con los reportados por estudios en los que principalmente, se utilizaron los sistemas de información geográfica para el cálculo de la erosión |hídrica, por ejemplo Sáenz & Juárez (2003) reportan de acuerdo al porcentaje de pendiente; 2-8 % hasta 2.09 ton/ha/año y entre 12-16% hasta 1.85 ton/ha/año, consideran que la mayor parte del área de estudio se encuentra entre 2 a 15 grados de pendiente, en casos excepcionales se encuentra en 35° para lo que los autores reportan hasta 6.03 ton/ha/año.

Conclusiones

La microcuenca Las lajas se encuentra en general en un proceso de erosïo leve, con una pérdida promedio anual de 6.30 ton/ha/año, perdiéndose así 8028.39 ton/ha/año para e total del área. La superficie critica para la aplicación de medidas de conservación de suelos resulta ser el 23% de la superficie de la microcuenca.

El factor C no concuerda con las condiciones reales del área. Por otra parte, la subestimación del factor LS por medio de SIG se puede deber a la resolución del modelo digital de elevación (Continuo nación de elevación mediano), lo que podría corregir con la utilización de otro modelo de mayor resolución.

Se recomendamos el uso de método indirecto por sistemas de información geográfica para la obtención de áreas críticas en microcuencas de un área de estudio, siempre y cuando los datos a interpolarse tengan origen en sitios de muestre y recorrido de campo.

Al utilizar el método indirecto de sistemas de información geográfica, y la consecuente utilización de modelos digitales de elevación, es recomendable corregir los espacios vacíos mediante una herramienta de relleno.

Referencias

CONAFOR, 2011. *Resultados de la convocatoria del Programa ProÁrbol de la Comisión Nacional Forestal,* s.l.: s.n.

CONAFOR, 2013. *Inventario Estatal Forestal y de Suelos Carta de recursos forestales 1 50,000, E14B13, E14B14, F14D83, F14D84.* Puebla: s.n.

FAO, P., 1980. *Metodología provisional para la evaluación de la degradación de los suelos.* s.l.:Pub. FAO y PNUMA. Rom.

Hernadez, A. M., 2001. *Evaluacion del proceso de erosion hidrica, en la microcuenca de captación de la presa "la estrella", en el municipio de linares, nuevo Leó..* Linares, Nuevo León: Universidad Autonoma de Nuevo León.

INEGI, 1997. *Carta edafologica 1:50000 Chignahuapan E13B13.* s.l.:Instituto Nacional de Estadistica y Geografia.

SEMARNAT, 2015. *Suelos, Bases para su Manejo y Conservación.* D.F: SEMARNAT.

SGM, 2002. *Carta Geologíca-Minera ciudad de México E14-2 EDO DE MEX., TLAX., DF., PUE., HGO Y MOR..* Pachuca: Servicio Geológico Mexicano.

UACh, L. C. U., 2001. *Muestreo de Suelo.* s.l.:Universidad Autónoma Chapingo.

Wischmeier, W. H. S. D. D., 1978. *Predicting rainfall erosion losses-A guide to conservacion planning..* s.l.:USDA.

IMPACTO SOCIAL DE LOS SISTEMAS DE CAPTACIÓN DE AGUA PLUVIAL EN EL ITSSNP

Rivera Cruz Jorge Luis, Sosa Ortega Marcos, Herrera Sampayo Oscar.

Instituto Tecnológico Superior de la Sierra Norte de Puebla, Av. José Luis Martínez Vázquez, No. 2000, C.P.73310, Jicolapa, Zacatlán, Puebla, México. *jorge.george.luis@gmail.com, ing.marcossosa@outlook. com, subinvestigacion.itssnp@gmail.com*

Resumen

Se tiene como objetivo general, evaluar la viabilidad de los SCAP (Sistemas de Captación de Agua Pluvial) en el ITSSNP a través de la medición del grado de impacto social, basados en una metodología de investigación propia, la cual está dividida en 3 etapas; Teórica, Práctica y de Análisis. Se obtienen como resultados de la realización de una encuesta a la sociedad los impactos: Social, dando a conocer a la población los beneficios de la captación de agua, el funcionamiento y construcción de los SCAP, obteniendo un grado de participación muy bueno. Ambiental, basado en disminuir el consumo de agua potable, obtenida de la emanación de mantos acuíferos dañados por una sobre explotación, al implementar los SCAP, se brinda una solución sustentable, que genera una nueva alternativa de suministro de agua en cantidad y calidad para la población. Económico, realizando cálculos financieros, la inversión se recupera en un promedio de año y medio lo cual arroja que los SCAP son rentables. La implementación de un SCAP es una excelente alternativa para abastecer necesidades básicas, gracias a que el agua pluvial es un recurso natural que la población no aprovecha en su totalidad, siendo una opción para tener una mejor calidad de vida en el futuro.

Palabras clave: Agua, Captación, Impacto, Pluvial, Sistemas.

Abstract

We have as a general objective to evaluate the viability of the SCAP (Rainwater Collection Systems) in the ITSSNP through the measurement of the degree of social impact, based on its own research methodology, which is divided into 3 stages; Theoretical, Practice and Analysis. The following impacts are obtained as a result of carrying out a social survey: Social, informing the population of the benefits of collecting water, the operation and construction of the SCAP, obtaining a very good degree of participation. Environmental, based on reducing the consumption of drinking water, obtained from the emanation of aquifers damaged by over exploitation, by implementing the SCAP, a sustainable solution is provided, which generates a new water supply alternative in quantity and quality for the population. Economic, making financial calculations, the investment is recovered in an average of a year and a half which shows that the SCAP are profitable. The implementation of a SCAP is an excellent alternative to supply basic needs, thanks to the fact that rainwater is a natural resource that the population does not take advantage of in its entirety, being an option to have a better quality of life in the future.

Keywords: Catchment, Impact, Rain, Systems, Water.

Introducción.

La tierra en que nacemos, crecemos y nos desarrollamos es hermosa a nuestros ojos, su clima, vegetación y especies animales que lo habitan le dan colorido y variedad. Todos los seres humanos formamos parte de este lugar y los recursos naturales son nuestra principal fuente de sobrevivencia, por lo tanto, somos responsables de mantener y conservar el sitio donde habitamos.

Para el desarrollo de cualquier especie, incluida la humana, el agua es un recurso básico: sin agua, no habría vida. Cobra mayor importancia cuando hablamos de sociedades desarrolladas, ya que se requiere de ella tanto para su uso doméstico como industrial, sobre todo en grandes ciudades como la Ciudad de México.

Las lluvias, de carácter irregular e impredecible en ocasiones, se aprovecharon y canalizaron mediante sistemas naturales (manantiales, arroyos, ríos) o mediante sistemas artificiales que captaban y retenían el agua de lluvia para desviarla a los campos de cultivo. Gran parte de las obras hidráulicas que pertenecieron al señorío tencha de fines del Siglo XVI fueron incorporadas a la red urbana actual. Los lagos de la cuenca de México fueron aprovechados y manipulados artificialmente para servir a distintos propósitos, ya fuera separar las aguas dulces de las saladas, crear suelos para uso agrícola o habitacional y para abastecer a la población.

En las viviendas, el agua se almacenaba en recipientes de barro, enterrados o al aire libre, así como en piletas de barro, cal y canto, piedra, excavados en el suelo, recubiertos o no, con piedra o argamasa y estuco. Otros depósitos subterráneos eran los chultunes o cisternas mayas, muchos persisten hasta el presente.

Planteamiento del Problema.

En los últimos años, en el Municipio de Zacatlán, no se ha visto que se aprovechen los Sistemas de Captación de Agua Pluvial como una alternativa de obtención de agua potable, siendo que en el mismo ya se está presentando la escasez de agua, esto es porque los mantos acuíferos que abastecen a esta ciudad se han visto dañados debido al deterioro del ecosistema del lugar y de la erosión del suelo, que han sido afectados por diversos factores. Dentro de los aspectos que se consideran determinantes para que se dé este desaprovechamiento se encuentran:

- La falta de interés en la implementación de los sistemas de captación por parte de la población y por parte del gobierno.
- No hay una buena difusión sobre este tema, no se han brindado conferencias, talleres y demás a la sociedad, y si los hay, es muy poca la gente que se entera y la que está impulsando estos sistemas de captación.
- La falta de información de la sociedad sobre la viabilidad, rentabilidad, beneficios y los impactos que generan los sistemas de captación.
- La ideología de la población sobre los sistemas de captación al pensar que estos son muy caros, no son rentables o que no son necesarios.
- No se ha vuelto una necesidad implementar los sistemas de captación en gran parte de la región debido a que se cuenta con acceso a arroyos, mantos acuíferos, pozos y a que se tiene abastecimiento de agua potable por parte de SOSAPAZ.
- La falta de apoyo a los proyectos de implementación de sistemas de captación, por parte del gobierno con el recurso económico, y de los expertos en el tema para llevar a cabo su correcta implementación.

Establecimiento de la (S) Hipótesis.

Ho: Será posible determinar que los SCAP (Sistemas de Captación de Agua Pluvial) tengan un alto grado de impacto social en las instalaciones del ITSSNP.

HI: No es posible determinar que los SCAP (Sistemas de Captación de Agua Pluvial) tengan un alto grado de impacto social en las instalaciones del ITSSNP.

Objetivo General.

Evaluar la viabilidad de los SCAP (Sistemas de Captación de Agua Pluvial) en el ITSSNP a través de la medición del grado de impacto social para darlo a conocer a la sociedad y aprovechar el funcionamiento de los mismos.

Desarrollo de la investigación.

Población y Muestra.

En cualquier investigación que se realice, se debe tomar una muestra de sujetos que serán quienes participen en la misma. En general se habla mucho en estos casos acerca de que la muestra que se tome debe ser representativa. Esto es así, ya que este es uno de los aspectos que serían necesarios para asegurar la validez externa de la investigación. "La validez externa se halla asociada a la generalización y representatividad de los logros de la investigación", (Arnau Gras, J. 1982, pág. 351).

Si investiga, no es únicamente para enterarse qué pasa con esa muestra de sujetos en particular, sino que el objetivo es poder extender esos resultados a otros sujetos y situaciones, de ahí que resulte de fundamental importancia el tema de la validez externa y uno de sus aspectos que es, si la muestra utilizada es suficientemente representativa de la población de referencia para poder extender los resultados obtenidos en aquella a esta. Cabe aclarar que dentro de la validez externa también se tiene lo que se da en llamar validez ecológica, o sea, "la posibilidad de generalizar a una situación natural los resultados obtenidos en otra artificial", (Pereda Marín, S. 1987, pág. 261).

Además del elemento principal que es la elección al azar de los sujetos, hay otros procedimientos que se pueden emplear para garantizar de mejor manera la representatividad de la muestra, tal como menciona Pereda Marín, S. (1987); estos son: la estratificación y la proporcionalidad. De esta manera dentro de los muestreos probabilísticos tenemos, como menciona Cortada de Kohan, N. (1994): muestreo al azar simple, muestreo sistemático, muestreo estatificado al azar, muestreo estratificado proporcional, muestreo estratificado no proporcional y muestreo por conglomerados. En un muestreo al azar simple, se utiliza algún procedimiento al azar para elegir a los sujetos de la población que van a formar parte de la muestra.

El estadístico es una estimación del valor del parámetro y como con cualquier estimado, nunca se puede estar totalmente seguros de que nuestro estimado de un parámetro es exacto. Sin embargo, si podemos encontrar un rango de valores que nos dé cierto nivel de confianza de que el parámetro debe caer en él. Tal rango se llama intervalo de confianza, Clark-Carter, D. (2002) (pág. 163).

Hay una relación entre el tamaño de la muestra y la medida en que la misma es representativa. "Tener una muestra que contenga las características de la población no es suficiente. Necesita tener un cierto tamaño para que quede libre de esos errores que pueden ocurrir por azar y anularían la representación de la muestra", León, O.G. y Montero, I. (2003) (pág. 110). "Ciertamente, la única muestra igual a la población es la población misma. A medida que se aumenta el tamaño de la muestra, se irán incluyendo más y más sujetos con diferentes aspectos que caracterizan a la población" Pereda Marín, S. (1987) (pág. 126). Además, el tamaño de la muestra tiene una directa relación con el intervalo de confianza que se plantea para las estimaciones de la muestra. "Cuanto mayor sea la muestra, tanto menor será el rango del intervalo de confianza para el mismo nivel de confianza; es decir, podemos determinar con mayor exactitud el parámetro de la población", Clark-Carter, D. (2002) (pág. 165).

Tamaño de la Muestra Poblacional.

El ITSSNP cuenta con 1826 estudiantes y personal que labora dentro del mismo, se trabaja con un nivel de confianza del 95% y un margen de error del 5%.

Fórmula:

$$n = \frac{(k^2)(p)(q)(N)}{(e^2(N-1)) + (k^2)(p)(q)}$$

Dónde:

- **N:** tamaño de la población o universo (posibles encuestados).
- **K:** constante que depende del nivel de confianza que se asigne.
- **e:** error muestral deseado.
- **p:** proporción de individuos que poseen en la población la característica de estudio.
- **q:** proporción de individuos que no poseen esa característica, 1 -p.
- **n:** tamaño de la muestra.

Los valores k más utilizados y sus niveles de confianza son:

K	1.15	1.28	1.44	1.65	1.96	2
Nivel de confianza	75%	80%	85%	90%	95%	95.5%

Fuente Propia.

Fórmula sustituida:

$$n = \frac{(1.96^2)(.5)(.5)(1826)}{(.05^2(1826-1)) + (1.96^2)(.5)(.5)}$$

Resultado: n = 317.53 = 318

Por ello se aplicarán a 318 personas el cuestionario previamente elaborado.

Sujeto de la Investigación.

En la presente investigación participaron 318 estudiantes universitarios de las ocho carreras que integran la institución tales como: Ingeniería

Industrial, Ingeniería Informática, Ingeniería Electromecánica, Ingeniería Forestal, Ingeniería en Industrias Alimentarias, Innovación Agrícola Sustentable, Contador Público y Gastronomía. El método de la muestra fue a través de un muestreo al azar simple, se utilizó este procedimiento al azar para elegir a los sujetos de la población que van a formar parte de la muestra (Cortada de Kohan, N, 1994). Por esto se consideran estos alumnos hombres y mujeres de estatus socioeconómicos baja, media y alta y en una edad aproximada de 18 a 22 años.

Encuesta.

La técnica de encuesta es ampliamente utilizada como procedimiento de investigación, ya que permite obtener y elaborar datos de modo rápido y eficaz. Se puede definir la encuesta, siguiendo a García Ferrando (1993), como una técnica que utiliza un conjunto de procedimientos estandarizados de investigación mediante los cuales se recoge y analiza una serie de datos de una muestra de casos representativa de una población o universo más amplio, del que se pretende explorar, describir, predecir y/o explicar una serie de características. Para Sierra Bravo (1994), la observación por encuesta, que consiste igualmente en la obtención de datos de interés sociológico mediante la interrogación a los miembros de la sociedad, es el procedimiento sociológico de investigación más importante y el más empleado.

En la planificación de una investigación utilizando la técnica de encuesta se pueden establecer las siguientes etapas de Santesmases (1998):

- Identificación del problema.
- Determinación del diseño de investigación.
- Especificación de las hipótesis.
- Definición de las variables.
- Selección de la muestra.
- Diseño del cuestionario.
- Organización del trabajo de campo.
- Obtención y tratamiento de los datos.
- Análisis de los datos e interpretación de los resultados.

Como ya se ha mencionado, el objetivo fundamental de este trabajo es la elaboración del cuestionario; sin embargo, se considera que, aunque sea brevemente, deben describirse los aspectos básicos que constituyen una investigación utilizando la técnica de encuesta.

Diseño del Cuestionario.

El instrumento básico utilizado en la investigación por encuesta es el cuestionario, que se puede definir como el documento que recoge de forma organizada los indicadores de las variables implicadas en el objetivo de la encuesta. (Padilla, González, 1998). De esta definición se puede concluir que la palabra encuesta se utiliza para denominar a todo el proceso que se lleva a cabo, mientras la palabra cuestionario quedaría restringida al formulario que contiene las preguntas que son dirigidas a los sujetos objeto de estudio. El objetivo que se persigue con el cuestionario es traducir variables empíricas, sobre las que se desea información, en preguntas concretas capaces de suscitar respuestas fiables, válidas y susceptibles de ser cuantificadas. Como ya se mencionó, el guión orientativo del que se debe partir para diseñar el cuestionario lo constituyen las hipótesis y las variables previamente establecidas.

En esta fase preliminar, antes de la redacción de las preguntas, se debe tener en cuenta también las características de la población y el sistema de aplicación que va a ser empleado, ya que estos aspectos tendrán una importancia decisiva a la hora de determinar el número de preguntas que deben componer el cuestionario, el lenguaje utilizado, el formato de respuesta y otras características que puedan ser relevantes. En este sentido, y como ya se ha mencionado, si no se tiene un buen conocimiento de la población objeto de estudio, puede ser de gran utilidad el uso de técnicas cualitativas, como el grupo de discusión o las entrevistas con informadores clave. (Steiner 1999).

En el caso del cuestionario simple, con estas preguntas de estimación no se pretende obtener una puntuación para cada uno de los sujetos que participan en la investigación, sino simplemente una distribución de frecuencias de las respuestas emitidas. Si se obtuviera una puntuación para cada uno de los sujetos, constituida por la suma de las respuestas escalares dadas a varios ítems, se estaría hablando de una escala, generalmente destinada a medir actitudes o estados subjetivos. Habitualmente, como procedimientos escalares se utilizan los rangos sumativos (Likert), los intervalos aparentemente iguales (Thurstone), el Método de Guttman, etc. La construcción de estos instrumentos de medida presenta peculiaridades respecto al cuestionario simple, objeto de este trabajo, y tienen, en muchos aspectos, un tratamiento estadístico distinto. (Casas, Repullo 2001). A continuación, se presenta el instrumento de medición a utilizar en el proceso de investigación el cual consta de 6 variables con 5 preguntas cada una.

Instrumento de Medición.

Encuesta.

Se pretende realizar una encuesta a una determinada muestra poblacional de alumnos y del personal que labora en el Instituto Tecnológico Superior de la Sierra Norte de Puebla, para obtener información acerca del conocimiento sobre los sistemas de captación de agua pluvial, esto en base a la escala de medición Likert para la clasificación y medición de las respuestas de un Cuestionario, y así poder hacer posteriormente un análisis de los resultados obtenidos.

Metodología de la Investigación.

La metodología de la investigación que se implementó está dividida en 3 etapas las cuales son:

Etapa Teórica.

1. Concebir la Idea a Investigar y sus Antecedentes.
2. Elaborar el Planteamiento del Problema.
3. Definir los Objetivos General y Específicos.
4. Elaborar la Justificación.
5. Elaborar el Marco Teórico y Estado del Arte.
6. Definir la Investigación y el Alcance.
7. Formular las Hipótesis.

8. Seleccionar la Muestra Apropiada para la Investigación.
9. Determinación del Tipo de Estudio.

Etapa Práctica.

1. Selección, Diseño y Prueba de los Instrumentos de Medición y Recolección de Datos.
2. Aplicación del Instrumento de Medición (Encuestas).
3. Recolección de Datos de Campo.

Etapa de Análisis

1. Procesamiento y Análisis de la Información.
2. Elaboración del Reporte de Resultados y Representación Gráfica.
3. Elaboración del Presupuesto o Financiamiento.
4. Comprobación de la Hipótesis.
5. Síntesis y Conclusiones.

Resultados de acuerdo a cada una de las variables manejadas.

Los resultados que se presentan de un total de 318 estudiantes encuestados bajo un instrumento de medición con 5 variables tales como: consumo de agua, Sistemas de Captación de Agua de Lluvia (SCAP), aceptabilidad social externa de los SCAP, aceptabilidad social interna de los SCAP, Sustentabilidad de la captación y los beneficios económicos de la captación de los cuales con cada uno se realizó comparación con una prueba de hipótesis ya que esta se retiene como un valor aceptable del parámetro, si es consistente con los datos y si no lo es se rechaza. (Wiersma y Jurs, 2008; Gordon, 2010). De las preguntas que tienen las variables se presentan a continuación:

Variable 1

*   Existe gran cantidad de consumo de agua en la Sierra Norte de Puebla.

Existe evidencia significativa de que si hay gran consumo de agua en la Sierra Norte de Puebla ya que 130 personas equivalente al 40.9% están de acuerdo y 101 personas equivalente al 31.8 están totalmente de acuerdo.

Esto se presenta con la prueba de hipótesis planteada en esta variable, ya que con nivel de confianza del 95% y un error del 5%, el resultado de la prueba t es de 0.673 y el valor de tablas es de 1.96, por lo que el criterio de rechazo de H0 es representada de la siguiente manera: t calculada > t α representado por el valor de tabla t (Gutierrez Pulido, 2008). Lo cual se expresa 0.673 < 1.96 por lo que el estadístico de prueba (t) calculado es aceptable aceptando la hipótesis nula y rechazando la hipótesis alternativa, que establece que no existe gran cantidad de consumo de agua en la Sierra Norte de Puebla.

Variable 2

- Es conveniente utilizar o suministrar agua pluvial en la región para las labores del hogar.

Existe evidencia significativa de que es conveniente utilizar o suministrar agua pluvial en la región para las labores del hogar ya que 144 personas equivalente al 45.3 % están totalmente de acuerdo y 124 personas equivalentes al 39% están de acuerdo.

Esto se presenta con la prueba de hipótesis planteada en esta variable, ya que con nivel de confianza del 95% y un error del 5%, el resultado de la prueba t es de 4.151 y el valor de tablas es de 1.96, por lo que el criterio de rechazo de H0 es representada de la siguiente manera: t calculada > t α representado por el valor de tabla t (Gutiérrez Pulido, 2008). Lo cual se expresa 4.151 > 1.96 por lo que el estadístico de prueba (t) calculado es aceptable rechazando la hipótesis nula y aceptando la hipótesis alternativa, que establece que si es conveniente utilizar o suministrar agua pluvial para realizar algunas de las labores básicas del hogar.

Variable 3

- Es conveniente utilizar o suministrar el agua potable de la red en la región para las labores del hogar

Existe evidencia significativa de que es conveniente utilizar o suministrar agua pluvial de la red en la región para las labores del hogar ya que 137 personas equivalente al 43.1% están de acuerdo y 97 personas equivalentes al 30.5% están completamente de acuerdo.

Esto se presenta con la prueba de hipótesis planteada en esta variable, ya que con nivel de confianza del 95% y un error del 5%, el resultado de la prueba t es de 6.236 y el valor de tablas es de 1.96, por lo que el criterio de rechazo de H0 es representada de la siguiente manera: t calculada > t α representado por el valor de tabla t (Gutiérrez Pulido, 2008). Lo cual se expresa 4.151 > 1.96 por lo que el estadístico de prueba (t) calculado es aceptable rechazando la hipótesis nula y aceptando la hipótesis alternativa, que establece que si es conveniente utilizar o suministrar agua potable de la red en la región realizar las labores básicas del hogar.

Variable 4

- Existe desperdicio de agua potable por descargas de baño en la región.

Se encuentra evidencia significativa de que existe desperdicio de agua potable por descargas de baño en la región ya que 153 personas equivalente al 48.1% están completamente de acuerdo y 105 personas equivalentes al 33% están de acuerdo.

Esto se presenta con la prueba de hipótesis planteada en esta variable, ya que con nivel de confianza del 95% y un error del 5%, el resultado de la prueba t es de 4.305 y el valor de tablas es de 1.96, por lo que el criterio de rechazo de H0 es representada de la siguiente manera: t calculada > t α representado por el valor de tabla t (Gutiérrez Pulido, 2008). Lo cual se expresa 4.151 > 1.96 por lo que el estadístico de prueba (t) calculado es aceptable rechazando la hipótesis nula y aceptando la hipótesis alternativa, que establece que si existe desperdicio de agua potable por descargas de baño en la región.

Variable 5

- Puede servir el agua pluvial como una alternativa para ser utilizada para las descargas de baño.

Se encuentra evidencia significativa de que puede servir el agua pluvial como una alternativa para ser utilizada en las descargas de baño ya que 196 personas equivalente al 61.7% están completamente de acuerdo y 72 personas equivalentes al 22.6% están de acuerdo.

Esto se presenta con la prueba de hipótesis planteada en esta variable, ya que con nivel de confianza del 95% y un error del 5%, el resultado de la prueba t es de 6.026 y el valor de tablas es de 1.96, por lo que el criterio de rechazo de H0 es representada de la siguiente manera: t calculada > t α representado por el valor de tabla t (Gutiérrez Pulido, 2008). Lo cual se expresa 6.026 > 1.96 por lo que el estadístico de prueba (t) calculado es aceptable rechazando la hipótesis nula y aceptando la hipótesis alternativa, que establece si puede servir el agua pluvial como una alternativa para ser utilizada para las descargas de baño.

Variable 6

- Se puede ahorrar el consumo de agua potable con la implementación de sistemas de captación de agua pluvial en la Sierra Norte de Puebla.

Se encuentra evidencia significativa de se puede ahorrar el consumo de agua potable con la implementación de sistemas de captación de agua pluvial en la Sierra Norte de Puebla ya que 166 personas equivalente al 52.2% están completamente de acuerdo y 119 personas equivalentes al 37.46% están de acuerdo.

Esto se presenta con la prueba de hipótesis planteada en esta variable, ya que con nivel de confianza del 95% y un error del 5%, el resultado de la prueba t es de 7.85 y el valor de tablas es de 1.96, por lo que el criterio de rechazo de H0 es representada de la siguiente manera: t calculada > t α representado por el valor de tabla t (Gutiérrez Pulido, 2008). Lo cual se expresa 7.85 > 1.96 por lo que el estadístico de prueba (t) calculado es aceptable rechazando la hipótesis nula y aceptando la hipótesis alternativa, que establece que sí se puede ahorrar el consumo de agua potable con la implementación de sistemas de captación de agua pluvial en la Sierra Norte de Puebla.

Variable 7

- Crees que un sistema de captación de agua de lluvia es adecuado para disminuir el consumo de agua potable.

Se encuentra evidencia significativa de que un sistema de captación de agua de lluvia es adecuado para disminuir el consumo de agua potable ya que 143 personas equivalente al 45% están completamente de acuerdo y 118 personas equivalentes al 37.1% están de acuerdo.

Esto se presenta con la prueba de hipótesis planteada en esta variable, ya que con nivel de confianza del 95% y un error del 5%, el resultado de la prueba t es de 3.671 y el valor de tablas es de 1.96, por lo que el criterio de rechazo de H0 es representada de la siguiente manera: t calculada > t α representado por el valor de tabla t (Gutiérrez Pulido, 2008). Lo cual se expresa 3.671 > 1.96 por lo que el estadístico de prueba (t) calculado es aceptable rechazando la hipótesis nula y aceptando la hipótesis alternativa, que establece que los sistemas de captación de agua de lluvia pueden ayudar a disminuir el consumo de agua potable.

Variable 8

- Crees que un sistema de captación de agua de lluvia es necesario en estos tiempos.

Se encuentra evidencia significativa de que un sistema de captación de agua de lluvia es necesario en estos tiempos ya que 180 personas equivalente al 56.7% están completamente de acuerdo y 90 personas equivalentes al 28.3% están de acuerdo.

Esto se presenta con la prueba de hipótesis planteada en esta variable, ya que con nivel de confianza del 95% y un error del 5%, el resultado de la prueba t es de 4.33 y el valor de tablas es de 1.96, por lo que el criterio de rechazo de H0 es representada de la siguiente manera: t calculada > t α representado por el valor de tabla t (Gutiérrez Pulido, 2008). Lo cual se expresa 4.33 > 1.96 por lo que el estadístico de prueba (t) calculado es aceptable rechazando la hipótesis nula y aceptando la hipótesis alternativa, que establece que los sistemas de captación de agua de lluvia pueden ser necesarios en estos tiempos que se están viviendo.

Variable 9

- Crees que la estructura de un sistema de captación de agua de lluvia es compleja.

Se encuentra evidencia significativa de que la estructura de un sistema de captación de agua de lluvia es compleja ya que 52 personas equivalente al 46.4% están completamente de acuerdo, 130 personas equivalentes al 40.9% están de acuerdo y 96 personas equivalentes al 30.2% están en ni acuerdo ni desacuerdo.

Esto se presenta con la prueba de hipótesis planteada en esta variable, ya que con nivel de confianza del 95% y un error del 5%, el resultado de la prueba t es de 1.24 y el valor de tablas es de 1.96, por lo que el criterio de rechazo de H0 es representada de la siguiente manera: t calculada > t α representado por el valor de tabla t (Gutiérrez Pulido, 2008). Lo cual se expresa 1.24 < 1.96 por lo que el estadístico de prueba (t) calculado es aceptable aceptando la hipótesis nula y rechazando la hipótesis alternativa, que establece que no es compleja la estructura de un sistema de captación de agua de lluvia.

Variable 10

- Crees que es viable el instalar un sistema de captación de agua de lluvia en un hogar.

Se encuentra evidencia significativa de que un sistema de captación de agua de lluvia es viable para instalarlo en el hogar ya que 142 personas equivalente al 44.6% están completamente de acuerdo y 121 personas equivalentes al 38.1% están de acuerdo.

Esto se presenta con la prueba de hipótesis planteada en esta variable, ya que con nivel de confianza del 95% y un error del 5%, el resultado de la prueba t es de 3.924 y el valor de tablas es de 1.96, por lo que el criterio de rechazo de H0 es representada de la siguiente manera: t calculada > t α representado por el valor de tabla t (Gutiérrez Pulido, 2008). Lo cual se expresa 3.924 > 1.96 por lo que el estadístico de prueba (t) calculado es aceptable rechazando la hipótesis nula y aceptando la hipótesis alternativa, que establece que es viable el instalar un sistema de captación de agua de lluvia en un hogar.

Variable 11

- Crees que cuentas con un servicio de agua potable adecuado.

Se encuentra evidencia significativa de que se cuenta con un servicio de agua potable adecuado ya que 46 personas equivalente al 14.4% están completamente de acuerdo y 129 personas equivalentes al 40.6% están de acuerdo.

Esto se presenta con la prueba de hipótesis planteada en esta variable, ya que con nivel de confianza del 95% y un error del 5%, el resultado de la prueba t es de 1.225 y el valor de tablas es de 1.96, por lo que el criterio de rechazo de H0 es representada de la siguiente manera: t calculada > t α representado por el valor de tabla t (Gutiérrez Pulido, 2008). Lo cual se expresa 1.225 < 1.96 por lo que el estadístico de prueba (t) calculado es aceptable aceptando la hipótesis nula y rechazando la hipótesis alternativa, que establece no se cuenta con un servicio de agua potable adecuado.

Variable 12

- Si una comunidad no tiene acceso al agua potable, se creería que un sistema de captación de agua de lluvia les resultaría beneficioso.

Se encuentra evidencia significativa de que, si una comunidad no tiene acceso al agua potable, se creería que el sistema de captación de agua pluvial les resultaría beneficioso ya que 169 personas equivalente al 53.1% están completamente de acuerdo y 113 personas equivalentes al 35.5% están de acuerdo.

Esto se presenta con la prueba de hipótesis planteada en esta variable, ya que con nivel de confianza del 95% y un error del 5%, el resultado de la prueba t es de 7.519 y el valor de tablas es de 1.96, por lo que el criterio de rechazo de H0 es representada de la siguiente manera: t calculada > t α representado por el valor de tabla t (Gutiérrez Pulido, 2008). Lo cual se expresa 7.519 > 1.96 por lo que el estadístico de prueba (t) calculado es aceptable rechazando la hipótesis nula y aceptando la hipótesis alternativa, que establece que resulta beneficioso un sistema de captación de agua de lluvia para una comunidad que no tiene acceso al agua potable.

Variable 13

- Crees que es difícil instalar un sistema de captación de agua de lluvia en un hogar.

Se encuentra evidencia significativa de que es difícil instalar un sistema de captación de agua de lluvia en un hogar ya que 33 personas equivalente al 10.4% están completamente de acuerdo, 100 personas equivalentes al 31.4% están de acuerdo y 125 personas equivalentes al 39.3% no están en ni acuerdo ni desacuerdo.

Esto se presenta con la prueba de hipótesis planteada en esta variable, ya que con nivel de confianza del 95% y un error del 5%, el resultado de la prueba t es de 4.736 y el valor de tablas es de 1.96, por lo que el criterio de rechazo de H0 es representada de la siguiente manera: t calculada > t α representado por el valor de tabla t (Gutiérrez Pulido, 2008). Lo cual se expresa 4.736 > 1.96 por lo que el estadístico de prueba (t) calculado es aceptable rechazando la hipótesis nula y aceptando la hipótesis alternativa, estableciendo que es difícil instalar un sistema de captación de agua de lluvia en los hogares.

Variable 14

- Implementarías un sistema de captación de agua de lluvia en tu hogar para resolver necesidades básicas.

Se encuentra evidencia significativa de que es difícil instalar un sistema de captación de agua de lluvia en un hogar ya que 33 personas equivalente al 10.4% están completamente de acuerdo, 100 personas equivalentes al 31.4% están de acuerdo y 125 personas equivalentes al 39.3% no están en ni acuerdo ni desacuerdo.

Esto se presenta con la prueba de hipótesis planteada en esta variable, ya que con nivel de confianza del 95% y un error del 5%, el resultado de la prueba t es de 4.736 y el valor de tablas es de 1.96, por lo que el criterio de rechazo de H0 es representada de la siguiente manera: t calculada > t α representado por el valor de tabla t (Gutiérrez Pulido, 2008). Lo cual se expresa 4.736 > 1.96 por lo que el estadístico de prueba (t) calculado es aceptable rechazando la hipótesis nula y aceptando la hipótesis alternativa, estableciendo que sí implementarían un sistema de capacitación de agua de lluvia en sus hogares para resolver necesidades básicas.

Variable 15

- Crees que es viable construir sistemas de captación de agua pluvial en estos tiempos.

Se encuentra evidencia significativa de que es viable construir sistemas de captación de agua pluvial en estos tiempos ya que 147 personas equivalente al 46.2% están completamente de acuerdo, 129 personas equivalentes al 40.6% están de acuerdo.

Esto se presenta con la prueba de hipótesis planteada en esta variable, ya que con nivel de confianza del 95% y un error del 5%, el resultado de la prueba t es de 5.269 y el valor de tablas es de 1.96, por lo que el criterio de rechazo de H0 es representada de la siguiente manera: t calculada > t α representado por el valor de tabla t (Gutiérrez Pulido, 2008). Lo cual se expresa 5.269 > 1.96 por lo que el estadístico de prueba (t) calculado es aceptable rechazando la hipótesis nula y aceptando la hipótesis alternativa, estableciendo que es viable construir sistemas de captación de agua pluvial en estos tiempos.

Variable 16

- Crees que tienes un servicio de agua potable adecuado en el ITSSNP.

Se encuentra evidencia significativa de que no se tiene un servicio adecuado de agua potable en el instituto ya que 44 personas equivalente al 13.8% están completamente de acuerdo, 128 personas equivalentes al 40.3% están de acuerdo y 102 personas equivalentes al 32.1% están en ni acuerdo ni desacuerdo.

Esto se presenta con la prueba de hipótesis planteada en esta variable, ya que con nivel de confianza del 95% y un error del 5%, el resultado de la prueba t es de 0.294 y el valor de tablas es de 1.96, por lo que el criterio de rechazo de H0 es representada de la siguiente manera: t calculada > t α representado por el valor de tabla t (Gutiérrez Pulido, 2008). Lo cual se expresa 0.294 < 1.96 por lo que el estadístico de prueba (t) calculado es aceptable aceptando la hipótesis nula y rechazando la hipótesis alternativa, que establece que no se tiene un servicio adecuado de agua potable en la institución.

Variable 17

- Crees que los sistemas de captación de agua pluvial resultan beneficiosos para el instituto.

Se encuentra evidencia significativa de que los sistemas de captación resultan beneficios para el instituto ya que 145 personas equivalente al 45.7% están completamente de acuerdo, 127 personas equivalentes al 39.9% están de acuerdo.

Esto se presenta con la prueba de hipótesis planteada en esta variable, ya que con nivel de confianza del 95% y un error del 5%, el resultado de la prueba t es de 4.744 y el valor de tablas es de 1.96, por lo que el criterio de rechazo de H0 es representada de la siguiente manera: t calculada > t α representado por el valor de tabla t (Gutiérrez Pulido, 2008). Lo cual se expresa 4.744 > 1.96 por lo que el estadístico de prueba (t) calculado es aceptable rechazando la hipótesis nula y aceptando la hipótesis alternativa, estableciendo que resulta beneficioso para el instituto los sistemas de captación de agua pluvial.

Variable 18

- Crees que es difícil instalar un sistema de captación de agua de lluvia dentro de la institución.

Se encuentra evidencia significativa de que es difícil instalar un sistema de captación de agua de lluvia dentro de la institución ya que 47 personas equivalente al 14.9% están completamente de acuerdo, 100 personas equivalentes al 31.4% están de acuerdo y 107 personas equivalente al 33.6% están en ni acuerdo ni desacuerdo.

Esto se presenta con la prueba de hipótesis planteada en esta variable, ya que con nivel de confianza del 95% y un error del 5%, el resultado de la prueba t es de 5.6 y el valor de tablas es de 1.96, por lo que el criterio de rechazo de H0 es representada de la siguiente manera: t calculada > t α representado por el valor de tabla t (Gutiérrez Pulido, 2008). Lo cual se expresa 5.6 > 1.96 por lo que el estadístico de prueba (t) calculado es aceptable rechazando la hipótesis nula y aceptando la hipótesis alternativa, estableciendo que es difícil instalar un sistema de captación de agua de lluvia dentro de la institución.

Variable 19

- Instalarías un sistema de captación de agua de lluvia en el ITSSNP.

Se encuentra evidencia significativa de que es difícil instalar un sistema de captación de agua de lluvia dentro de la institución ya que 135 personas equivalente al 42.8% están completamente de acuerdo y 121 personas equivalentes al 38.1% están de acuerdo.

Esto se presenta con la prueba de hipótesis planteada en esta variable, ya que con nivel de confianza del 95% y un error del 5%, el resultado de la prueba t es de 2.682 y el valor de tablas es de 1.96, por lo que el criterio de rechazo de H0 es representada de la siguiente manera: t calculada > t α representado por el valor de tabla t (Gutiérrez Pulido, 2008). Lo cual se expresa 2.682 > 1.96 por lo que el estadístico de prueba (t) calculado es aceptable rechazando la hipótesis nula y aceptando la hipótesis alternativa, estableciendo que los alumnos instalarían un sistema de captación de agua de lluvia en el ITSSNP.

Variable 20

- Crees que la institución te otorgue los permisos necesarios para construir un sistema de captación de agua de lluvia.

Se encuentra evidencia significativa de que la institución otorga los permisos necesarios para construir un sistema de captación de agua de lluvia ya que 75 personas equivalente al 23.6% están completamente de acuerdo, 116 personas equivalentes al 36.5% están de acuerdo y 94 personas equivalentes al 29.6% están en ni acuerdo y ni desacuerdo.

Esto se presenta con la prueba de hipótesis planteada en esta variable, ya que con nivel de confianza del 95% y un error del 5%, el resultado de la prueba t es de 3.1 y el valor de tablas es de 1.96, por lo que el criterio de rechazo de H0 es representada de la siguiente manera: t calculada > t α representado por el valor de tabla t (Gutiérrez Pulido, 2008). Lo cual se expresa 3.1 > 1.96 por lo que el estadístico de prueba (t) calculado es aceptable rechazando la hipótesis nula y aceptando la hipótesis alternativa, estableciendo que la institución otorgue los permisos necesarios para construir un sistema de captación de agua de lluvia.

Variable 21

- Crees que hay un ahorro de la cantidad en litros de agua potable obtenida de la red de distribución al implementar un sistema de captación de agua de lluvia en tu hogar.

Se encuentra evidencia significativa de que existe un ahorro de la cantidad en litros de agua potable obtenida de la red de distribución al implementar un sistema de captación de agua de lluvia en el hogar ya que 94 personas equivalente al 29.6% están completamente de acuerdo y 160 personas equivalentes al 50.3% están de acuerdo.

Esto se presenta con la prueba de hipótesis planteada en esta variable, ya que con nivel de confianza del 95% y un error del 5%, el resultado de la prueba t es de 0.525 y el valor de tablas es de 1.96, por lo que el criterio de rechazo de H0 es representada de la siguiente manera: t calculada > t α representado por el valor de tabla t (Gutiérrez Pulido, 2008). Lo cual se expresa 0.525 < 1.96 por lo que el estadístico de prueba (t) calculado es aceptable aceptando la hipótesis nula y rechazando la hipótesis alternativa, que establece que hay un ahorro en la cantidad de litros de agua potable obtenida de la red de distribución al implementar un sistema de captación de agua de lluvia en el hogar.

Variable 22

- Crees que es lo mismo para el medio ambiente, el captar agua de lluvia y utilizarla a utilizar el agua potable suministrada de la red pública.

Se encuentra evidencia significativa de que es lo mismo para el medio ambiente, el captar agua de lluvia y utilizarla a utilizar el agua potable suministrada de la red pública ya que 42 personas equivalente al 13.2% están completamente de acuerdo, 111 personas equivalentes al 34.9% están de acuerdo y 84 personas equivalentes al 26.4% están en ni acuerdo y ni desacuerdo.

Esto se presenta con la prueba de hipótesis planteada en esta variable, ya que con nivel de confianza del 95% y un error del 5%, el resultado de la prueba t es de 3.676 y el valor de tablas es de 1.96, por lo que el criterio de rechazo de H0 es representada de la siguiente manera: t calculada > t α representado por el valor de tabla t (Gutiérrez Pulido, 2008). Lo cual se expresa 3.676 > 1.96 por lo que el estadístico de prueba (t) calculado es aceptable rechazando la hipótesis nula y aceptando la hipótesis alternativa, que es lo mismo para el medio ambiente el captar agua de lluvia y utilizarla a utilizar el agua potable suministrada de la red pública.

Variable 23

- Crees que al implementar un sistema de captación de agua de lluvia en tu hogar se esté dañando al medio ambiente.

Se encuentra evidencia significativa de que al implementar un sistema de captación de agua de lluvia en el hogar no está dañando al medio ambiente ya que 108 personas equivalente al 34% están totalmente en desacuerdo y 74 personas equivalentes al 23.3% están en desacuerdo.

Esto se presenta con la prueba de hipótesis planteada en esta variable, ya que con nivel de confianza del 95% y un error del 5%, el resultado de la prueba t es de 0.53 y el valor de tablas es de 1.96, por lo que el criterio de rechazo de H0 es representada de la siguiente manera: t calculada > t α representado por el valor de tabla t (Gutiérrez Pulido, 2008). Lo cual se expresa 0.53 < 1.96 por lo que el estadístico de prueba (t) calculado es aceptable aceptando la hipótesis nula y rechazando la hipótesis alternativa, que establece que al implementar un sistema de captación de agua de lluvia en un hogar no se está dañando al medio ambiente.

Variable 24

- Crees que la implementación de un sistema de captación de agua de lluvia ayuda considerablemente al ambiente.

Se encuentra evidencia significativa de que al implementar un sistema de captación de agua de lluvia ayuda considerablemente al medio ambiente ya que 131 personas equivalente al 41.2% están completamente de acuerdo y 123 personas equivalentes al 38.7% están de acuerdo.

Esto se presenta con la prueba de hipótesis planteada en esta variable, ya que con nivel de confianza del 95% y un error del 5%, el resultado de la prueba t es de 2.439 y el valor de tablas es de 1.96, por lo que el criterio de rechazo de H0 es representada de la siguiente manera: t calculada > t α representado por el valor de tabla t (Gutiérrez Pulido, 2008). Lo cual se expresa 2.439 > 1.96 por lo que el estadístico de prueba (t) calculado es aceptable rechazando la hipótesis nula y aceptando la hipótesis alternativa, que la implementación de un sistema de captación de agua de lluvia ayuda considerablemente al medio ambiente.

Variable 25

- Crees que la captación de agua de lluvia mejore la calidad de vida de las personas.

Se encuentra evidencia significativa que la captación de agua de lluvia no mejora la calidad de vida de las personas ya que 95 personas equivalente al 29.9% están totalmente en desacuerdo y 131 personas equivalentes al 41.2% están en desacuerdo.

Esto se presenta con la prueba de hipótesis planteada en esta variable, ya que con nivel de confianza del 95% y un error del 5%, el resultado de la prueba t es de 0.462 y el valor de tablas es de 1.96, por lo que el criterio de rechazo de H0 es representada de la siguiente manera: t calculada > t α representado por el valor de tabla t (Gutiérrez Pulido, 2008). Lo cual se expresa 0.462 < 1.96 por lo que el estadístico de prueba (t) calculado es aceptable aceptando la hipótesis nula y rechazando la hipótesis alternativa, que los sistemas de captación de agua de lluvia no mejoran la calidad de vida de las personas.

Variable 26

- Crees que los sistemas de captación de agua de lluvia son costosos.

Se encuentra evidencia significativa de que los sistemas de captación de agua de lluvia son costosos ya que 36 personas equivalente al 11.3% están completamente de acuerdo, 102 personas equivalentes al 32.1% están de acuerdo y 127 personas equivalente al 39.9% están en ni acuerdo ni desacuerdo.

Esto se presenta con la prueba de hipótesis planteada en esta variable, ya que con nivel de confianza del 95% y un error del 5%, el resultado de la prueba t es de 5.752 y el valor de tablas es de 1.96, por lo que el criterio de rechazo de H0 es representada de la siguiente manera: t calculada > t α representado por el valor de tabla t (Gutiérrez Pulido, 2008). Lo cual se expresa 5.752 > 1.96 por lo que el estadístico de prueba (t) calculado es aceptable rechazando la hipótesis nula y aceptando la hipótesis alternativa, que la implementación de un sistema de captación de agua de lluvia son costosos.

Variable 27

- Crees que el adaptar un sistema de captación de agua pluvial en tu hogar resulte costoso.

Se encuentra evidencia significativa que la captación de agua de lluvia en el hogar de las personas no resulta costosa ya que 41 personas equivalente al 12.9% están totalmente en desacuerdo, 112 personas equivalentes al 35.2% están en desacuerdo y 117 personas equivalentes al 36.8% no están en ni acuerdo ni desacuerdo.

Esto se presenta con la prueba de hipótesis planteada en esta variable, ya que con nivel de confianza del 95% y un error del 5%, el resultado de la prueba t es de 0.33 y el valor de tablas es de 1.96, por lo que el criterio de rechazo de H0 es representada de la siguiente manera: t calculada > t α representado por el valor de tabla t (Gutiérrez Pulido, 2008). Lo cual se expresa 0.33 < 1.96 por lo que el estadístico de prueba (t) calculado es aceptable aceptando la hipótesis nula y rechazando la hipótesis alternativa, demostrando que no resulta costoso adaptar un sistema de captación de agua de lluvia en un hogar.

Variable 28

- Crees que el mantenimiento a un sistema de captación de agua pluvial resulta costoso.

Se encuentra evidencia significativa de que los sistemas de captación de agua de lluvia en su mantenimiento puede resultar costoso ya que 40 personas equivalente al 12.5% están completamente de acuerdo, 102 personas equivalentes al 32.1% están de acuerdo y 116 personas equivalente al 36.5% están en ni acuerdo ni desacuerdo.

Esto se presenta con la prueba de hipótesis planteada en esta variable, ya que con nivel de confianza del 95% y un error del 5%, el resultado de la prueba t es de 5.615 y el valor de tablas es de 1.96, por lo que el criterio de rechazo de H0 es representada de la siguiente manera: t calculada > t α representado por el valor de tabla t (Gutiérrez Pulido, 2008). Lo cual se expresa 5.615 > 1.96 por lo que el estadístico de prueba (t) calculado es aceptable rechazando la hipótesis nula y aceptando la hipótesis alternativa, que el mantenimiento a un sistema de captación de agua pluvial puede resultar costoso.

Variable 29

- Crees que hay un ahorro económico de agua potable obtenida de la red de distribución al implementar un sistema de captación de agua de lluvia en tu hogar.

Se encuentra evidencia significativa que hay un ahorro económico de agua potable obtenida de la red de distribución al implementar un sistema de captación de agua de lluvia en un hogar ya que 100 personas equivalente al 31.5% están totalmente en desacuerdo, 140 personas equivalentes al 44% están en desacuerdo y 58 personas equivalentes al 18.2% no están en ni acuerdo ni desacuerdo.

Esto se presenta con la prueba de hipótesis planteada en esta variable, ya que con nivel de confianza del 95% y un error del 5%, el resultado de la prueba t es de 1.262 y el valor de tablas es de 1.96, por lo que el criterio de rechazo de H0 es representada de la siguiente manera: t calculada > t α representado por el valor de tabla t (Gutiérrez Pulido, 2008). Lo cual se expresa 1.262 < 1.96 por lo que el estadístico de prueba (t) calculado es aceptable aceptando la hipótesis nula y rechazando la hipótesis alternativa, demostrando que no hay un resultado económico de agua potable obtenida de la red de distribución al implementar un sistema de captación de agua de lluvia en tu hogar.

Variable 30

- Crees que sea rentable el instalar un sistema de captación de agua pluvial en tu hogar.

Se encuentra evidencia significativa que no es rentable el instalar un sistema de captación de agua pluvial en un hogar ya que 103 personas equivalente al 32.4% están totalmente en desacuerdo, 136 personas equivalentes al 42.8% están en desacuerdo y 67 personas equivalentes al 19.5% no están en ni acuerdo ni desacuerdo.

Esto se presenta con la prueba de hipótesis planteada en esta variable, ya que con nivel de confianza del 95% y un error del 5%, el resultado de la prueba t es de 0 y el valor de tablas es de 1.96, por lo que el criterio de rechazo de H0 es representada de la siguiente manera: t calculada > t α representado por el valor de tabla t (Gutiérrez Pulido, 2008). Lo cual se expresa 0 < 1.96 por lo que el estadístico de prueba (t) calculado es aceptable aceptando la hipótesis nula y rechazando la hipótesis alternativa, demostrando que no es rentable el instalar un sistema de captación de agua de lluvia en los hogares.

Tabla de resultados de las variables mencionadas con anterioridad.

VARIABLE	FACTOR	PRUEBA (t)	MEDIA	DESVIACIÓN ESTANDAR	P	PRUEBAS DE HIPOTESIS	CONDICIONES DE LA DISTRIBUCIÓN (t)	HIPOTESIS ACEPTABLE Y DE RECHAZO
1	Consumo de Agua	0.673	3.9371	0.98369	3.9	H0: Existe gran cantidad de consumo de agua en la Sierra Norte de Puebla. H1: No existe gran cantidad de consumo de agua en la Sierra Norte de Puebla.	0.673 < 1.96	Se acepta H0
2	Consumo de Agua	4.151	4.2138	0.91854	4	H0: Es conveniente utilizar o suministrar agua pluvial en la región para las labores del hogar. H1: No es conveniente utilizar o suministrar agua pluvial en la región para las labores del hogar.	4.151 > 1.96	Se rechaza H0
3	Consumo de Agua	6.236	3.8742	1.07005	3.5	H0: Es conveniente utilizar o suministrar el agua potable de la red en la región para las labores del hogar. H1: No es conveniente utilizar o suministrar el agua potable de la red en la región para las labores del hogar.	6.236 > 1.96	Se rechaza H0
4	Consumo de Agua	4.305	4.2233	0.92486	4	H0: Existe desperdicio de agua potable por descargas de baño en la región. H1: No existe desperdicio de agua potable por descargas de baño en la región.	4.305 > 1.96	Se rechaza H0
5	Consumo de Agua	6.026	4.3491	1.03298	4	H0: Sirve el agua pluvial como una alternativa para ser utilizada para las descargas de baño. H1: No sirve el agua pluvial como una alternativa para ser utilizada para las descargas de baño.	6.026 > 1.96	Se rechaza H0
6	Sistema de Captación de Agua de Lluvia	7.85	4.3648	0.82868	4	H0: Se puede ahorrar el consumo de agua potable con la implementación de sistemas de captación de agua pluvial en la Sierra Norte de Puebla. H1: No se puede ahorrar el consumo de agua potable con la implementación de sistemas de captación de agua pluvial en la Sierra Norte de Puebla.	7.85 > 1.96	Se rechaza H0
7	Sistema de Captación de Agua de Lluvia	3.671	4.1918	0.93191	4	H0: Son los sistemas de captación de agua de lluvia una opción adecuada para disminuir el consumo de agua potable. H1: No son los sistemas de captación de agua de lluvia una opción adecuada para disminuir el consumo de agua potable.	3.671 > 1.96	Se rechaza H0
8	Sistema de Captación de Agua de Lluvia	6.251	4.3333	0.95095	4	H0: Son necesarios en estos tiempos los sistemas de captación de agua de lluvia. H1: No son necesarios en estos tiempos los sistemas de captación de agua de lluvia.	6.251 > 1.96	Se rechaza H0
9	Sistema de Captación de Agua de Lluvia	1.24	3.5692	0.99522	3.5	H0: Es compleja la estructura de un sistema de captación de agua de lluvia. H1: No es compleja la estructura de un sistema de captación de agua de lluvia.	1.24 < 1.96	Se acepta H0
10	Sistema de Captación de Agua de Lluvia	3.924	4.2013	0.91452	4	H0: Es viable el instalar un sistema de captación de agua de lluvia en un hogar. H1: No es viable el instalar un sistema de captación de agua de lluvia en un hogar.	3.924 > 1.96	Se rechaza H0
11	Aceptabilidad Social Externa de la Captación de Agua Pluvial	1.225	3.4717	1.0436	3.4	H0: Se cuenta con un servicio de agua potable adecuado. H1: No se cuenta con un servicio de agua potable adecuado.	1.225 < 1.96	Se acepta H0
12	Aceptabilidad Social Externa de la Captación de Agua Pluvial	7.519	4.3585	0.86018	4	H0: Resulta beneficioso un sistema de captación de agua de lluvia para una comunidad que no tiene acceso al agua potable. H1: No resulta beneficioso un sistema de captación de agua de lluvia para una comunidad que no tiene acceso el agua potable	7.519 > 1.96	Se rechaza H0
13	Aceptabilidad Social Externa de la Captación de Agua Pluvial	4.736	3.2704	1.01835	3	H0: Es difícil instalar un sistema de captación de agua de lluvia en un hogar. H1: No Es difícil instalar un sistema de captación de agua de lluvia en un hogar.	4.736 > 1.96	Se rechaza H0
14	Aceptabilidad Social Externa de la Captación de Agua Pluvial	4.473	4.2233	0.89009	4	H0: Es posible resolver las necesidades básicas de un hogar implementando un sistema de captación de agua de lluvia. H1: No es posible resolver las necesidades básicas de un hogar implementando un sistema de captación de agua de lluvia.	4.473 > 1.96	Se rechaza H0
15	Aceptabilidad Social Externa de la Captación de Agua Pluvial	5.269	4.261	0.88331	4	H0: Es viable construir sistemas de captación de agua pluvial en estos tiempos. H1: No es viable construir sistemas de captación de agua pluvial en estos tiempos.	5.269 > 1.96	Se rechaza H0
16	Aceptabilidad Social Interna de la Captación de Agua Pluvial	0.294	3.5157	0.9522	3.5	H0: Se tiene un servicio de agua potable adecuado en el ITSSNP. H1: No se tiene un servicio de agua potable adecuado en el ITSSNP.	0.294 < 1.96	Se acepta H0
17	Aceptabilidad Social Interna de la Captación de Agua Pluvial	4.744	4.239	0.89836	4	H0: Resultan beneficiosos los sistemas de captación de agua pluvial para el instituto. H1: No resultan beneficiosos los sistemas de captación de agua pluvial para el instituto.	4.744 > 1.96	Se rechaza H0

#						Hipótesis		Decisión
18	Aceptabilidad Social Interna de la Captación de Agua Pluvial	5.6	3.3428	1.09146	3	HO: Es difícil instalar un sistema de captación de agua de lluvia dentro de la institución. H1: No es difícil instalar un sistema de captación de agua de lluvia dentro de la institución.	5.6 > 1.96	Se rechaza HO
19	Aceptabilidad Social Interna de la Captación de Agua Pluvial	2.682	4.1447	0.96197	4	HO: Los estudiantes instalarían un sistema de captación de agua de lluvia en el ITSSNP. H1: Los estudiantes no instalarían un sistema de captación de agua de lluvia en el ITSSNP.	2.682 > 1.96	Se rechaza HO
20	Aceptabilidad Social Interna de la Captación de Agua Pluvial	3.1	3.6824	1.04914	3.5	HO: La institución te otorga los permisos necesarios para construir un sistema de captación de agua de lluvia. H1: La institución no te otorga los permisos necesarios para construir un sistema de captación de agua de lluvia.	3.1 > 1.96	Se rechaza HO
21	Sustentabilidad de la Captación	0.525	4.0252	0.85612	4	HO: Hay un ahorro de la cantidad en litros de agua potable obtenida de la red de distribución al implementar un sistema de captación de agua de lluvia en un hogar. H1: No hay un ahorro de la cantidad en litros de agua potable obtenido de la red de distribución al implementar un sistema de captación de agua de lluvia en un hogar.	0.525 < 1.96	Se acepta HO
22	Sustentabilidad de la Captación	3.676	3.2453	1.18995	3	HO: Es lo mismo para el medio ambiente, el captar agua de lluvia y utilizarla a utilizar el agua potable suministrada de la red pública. H1: No es lo mismo para el medio ambiente, el captar agua de lluvia y utilizarla a utilizar el agua potable suministrada a utilizar de la red pública.	3.676 > 1.96	Se rechaza HO
23	Sustentabilidad de la Captación	0.53	2.4403	1.35307	2.4	HO: Al implementar un sistema de captación de agua de lluvia en un hogar se está dañando al medio ambiente. H1: Al implementar un sistema de captación de agua de lluvia en un hogar no se está dañando al medio ambiente.	0.53 < 1.96	Se acepta HO
24	Sustentabilidad de la Captación	2.439	4.1289	0.9427	4	HO: La implementación de un sistema de captación de agua de lluvia ayuda considerablemente al ambiente. H1: La implementación de un sistema de captación de agua de lluvia no ayuda considerablemente al ambiente.	2.439 > 1.96	Se rechaza HO
25	Sustentabilidad de la Captación	0.462	3.9245	0.94683	3.9	HO: La captación de agua de lluvia mejora la calidad de vida de las personas. H1: La captación de agua de lluvia no mejora la calidad de vida de las personas.	0.462 < 1.96	Se acepta HO
26	Beneficios Económicos de la Captación	5.752	3.3239	1.00415	3	HO: Son costosos los sistemas de captación de agua de lluvia. H1: No son costosos los sistemas de captación de agua de lluvia.	5.752 > 1.96	Se rechaza HO
27	Beneficios Económicos de la Captación	0.33	3.4182	0.9847	3.4	HO: Resulta costoso el adaptar un sistema de captación de agua pluvial en un hogar. H1: No resulta costoso el adaptar un sistema de captación de agua pluvial en un hogar.	0.33 < 1.96	Se acepta HO
28	Beneficios Económicos de la Captación	5.615	3.327	1.03866	3	HO: Resulta costoso el mantenimiento a un sistema de captación de agua pluvial. H1: No resulta costoso el mantenimiento a un sistema de captación de agua pluvial.	5.615 > 1.96	Se rechaza HO
29	Beneficios Económicos de la Captación	1.262	3.9686	0.96906	3.9	HO: Hay un ahorro económico de agua potable obtenida de la red de distribución al implementar un sistema de captación de agua de lluvia en un hogar. H1: No hay un ahorro económico de agua potable obtenida de la red de distribución al implementar un sistema de captación de agua de lluvia en un hogar.	1.262 < 1.96	Se acepta HO
30	Beneficios Económicos de la Captación	0	4	0.91947		HO: Es rentable el instalar un sistema de captación de agua pluvial en un hogar. H1: No es rentable el instalar un sistema de captación de agua pluvial en un hogar.	0 < 1.96	Se acepta HO

Conclusiones.

A continuación se muestra un resumen de la comprobación de las preguntas de investigación a través de 7 hipótesis, las cuales se llevaron a cabo a través del estadístico t para una muestra que contiene datos paramétricos, con un intervalo de confianza del 95% (Lind, Wathen, & Wathen, 2005) (Murray & Larry). Es importante mencionar que esta comprobación se realizó con ayuda de la herramienta SPSS.

En el cual se rechaza la hipótesis para cada una de las preguntas de investigación dándole respuesta de la siguiente manera:

- Mencionando que de alguna forma se encuentra vinculado el desperdicio del agua con el consumo, asegurando que al usarse sin un control este vital líquido es susceptible a desperdiciarse.

- La sustentabilidad está relacionada con los sistemas de captación de agua de pluvial y del interés real que tienen las personas en implementar estos sistemas para su beneficio y del entorno mismo.
- Valorando que se puede tener un beneficio económico al implementar sistemas de captación de agua de lluvia ya que en la región el pago que se genera a la sociedad es relativamente alto.
- Se puede aceptar de forma social interna y externa que los sistemas de captación de agua de lluvia en el Instituto están generando un alto impacto ante la sociedad.
- Los factores social, sustentable y económico ejercen un impacto muy fuerte en la región de tal forma que se ve demostrado en el consumo del agua potable de la región.
- De igual forma queda demostrado que se ejerce un fuerte impacto de tipo económico, social y sustentable en el consumo de agua potable en la región. Y asegurar que si es posible determinar estos impactos tal como se presenta en la hipótesis de la investigación.

Referencias.

Arnau Gras, J. (1982), *Psicología experimental,* México, Trillas.

Casas J, Repullo JR, Pereira J. Medidas de calidad de vida relacionada con la salud. Conceptos básicos, construcción y adaptación cultural. Med Clin (Barc) 2001;116:789-96.

Clark-Carter, D. (2002), *Investigación cuantitativa en psicología. Del diseño experimental al reporte de investigación,* México, Oxford University Press.

Creswell, J.W. (2009). Research design: Qualitative, quantitative and mixed approaches (3ª Ed.). Thousand Oaks, CA, EE. UU.: Sage.

Duque, J. Mora, B. (2006) El marco teórico de una investigación. Recuperado de la base de datos de la Universidad Nacional

Experimental   del   Táchira(UNET):http://biblioteca.unet.edu.ve/db/
alexandr/db/bcunet/edocs/TEUNET/2006/ regrado/Industrial/DuqueM_
JorgeA-MoraS_BeatriA/Capitulo3.pdf

Gardner, R.C. (2003), *Estadística para Psicología usando SPSS para Windows*, México, Pearson Educación de México.

Glenn, N.D. (1977). Cohortanaíysis. Beverly Huís, CA: Sage Publications Inc. Series:'Quantitative Applications in the Social Sciences", número 5.

Grinnell, R.M.(1997). Social work research and evaluation: Quantitative and qualitative approache (5a Ed.). I tasca, IL: F.E. Peacock.

Hernández Sampieri, R.; Fernández Collado, C. y Lucio, P.B. (2014), *Metodología de la Investigación*, México, McGraw-Hill.

Kerlinger, FN. (1979). Enfoque conceptual de la investigación del comportamiento. México, D.F.: Nueva Editorial Interamericana. Capitulo número 8 ('Investigación experimental y no experimental").

Kessler, R.C. y Greenberg, D.F. (1981). Linear panel anaíysis: Models of quantitative change. London, UK: Academic Press, Inc. (LONDON) LTD.

CAPTURA DE CARBONO EN UNA PLANTACIÓN DE PINUS GREGGII ENGELM, EN ARTEAGA, COAHUILA

Mora Castañeda Emanuel

Instituto Tecnológico Superior de la Sierra Norte de
Puebla. Av. José Luis Martínez Vázquez No. 2000, Col.
Jicolapa, Zacatlán, Puébla. (emc.vir@gmail.com).

Resumen

El presente estudio tuvo como objetivo evaluar modelos alométricos para estimar la biomasa por componentes (hojas, ramas, fuste y total) y de crecimiento a la biomasa de fuste de *Pinus greggii* Engelm. El área de estudio comprendió una plantación de 16 años de edad con una densidad de 1246 árboles ha^{-1}, en Arteaga, Coahuila. Se utilizaron 20 árboles con las mejores características fenotípicas, incluyendo todas las categorías diamétricas-alturas para análisis troncal y colecta de componentes. Los resultados de los modelos alométricos seleccionados muestran un coeficiente de determinación (R^2) de 0.90 para el modelo de biomasa de hojas; 0.95 para ramas; 0.98 para fuste y 0.96 para la biomasa total. La biomasa aérea y el carbono almacenado promedio por árbol fue de 19.46 y 9.73 kg, respectivamente. La biomasa aérea comprende 24.24 t ha^{-1} distribuida en los fustes (61.48%), ramas (22.94%) y hojas (15.58%) y un almacén de carbono de 12.12 t ha^{-1} representado 0.76 t C ha^{-1} año^{-1}. El modelo que mejor describe el crecimiento e incremento en biomasa y carbono de fuste, fue el de Gompertz (R^2= 0.78). El incremento corriente anual máximo en biomasa de fuste ocurre a los 14 años con una producción de 1.429 kg año^{-1} y una captura de carbono de 0.715 kg año^{-1}. Mientras que el incremento medio anual máximo es alcanzado a los 21 años, con una producción de 0.720 kg año^{-1} y una captura de carbono de 0.360 kg año^{-1}. En conclusión, los modelos seleccionados se consideran confiables para obtener la biomasa y carbono de *Pinus greggii*.

Palabras clave: *alométricos, crecimiento, biomasa.*

Sumary

The objective of this study was to evaluate allometric models to estimate the biomass by components (leaves, branches, stem and total) and growth to the stem biomass of *Pinus greggii* Engelm. The study area included a 16-year-old plantation with a density of 1246 trees ha^{-1}, in Arteaga, Coahuila. Twenty trees with the best phenotypic characteristics were used, including all the diametric-height categories for trunk analysis and component collection. The results of the selected allometric models show a coefficient of determination (R^2) of 0.90 for the leaf biomass model; 0.95 for branches; 0.98 for stem and 0.96 for total biomass. The aerial biomass and the average stored carbon per tree were 19.46 and 9.73 kg, respectively. The aerial biomass comprises 24.24 t ha^{-1} distributed in the shafts (61.48%), branches (22.94%) and leaves (15.58%) and a carbon store of 12.12 t ha^{-1} represented 0.76 t C ha^{-1} year^{-1}. The model that best describes the growth and increase in stem biomass and carbon, was that of Gompertz (R^2= 0.78). The maximum annual current increase in stem biomass occurs at 14 years with a production of 1429 kg year^{-1} and a carbon capture of 0.715 kg year^{-1}. While the maximum annual average increase is reached at 21 years, with a production of 0.720 kg year^{-1} and a carbon capture of 0.360 kg year^{-1}. In conclusion, the selected models are considered reliable to obtain the biomass and carbon of *Pinus greggii*.

Keywords: *allometric, growth, biomass,*

Introducción

El tema de captura de carbono en la vegetación terrestre, cobra importancia a nivel mundial, por ser signo de ayuda para mitigar los gases de efecto invernadero (GEI), entre ellos el dióxido de carbono (CO_2) y representa una oportunidad a países desarrollados y en vías de desarrollo, para financiarlo o acceder al cobro de créditos por medio del MDL (Ordóñez y Masera, 2001).

Los ecosistemas forestales cumplen un papel fundamental en el ciclo del CO_2, al capturar y fijar el carbono atmosférico como biomasa, por medio del proceso de fotosíntesis y por consiguiente liberando oxígeno a la atmósfera a través de la respiración, además, contribuyen al flujo anual de carbono de la atmósfera y a la superficie de la tierra (Ordoñez y Masera, 2001). De la biomasa que acumulan estos ecosistemas gran parte está conformada por carbono (aproximadamente el 50%) (Schlesinger, 1997; Brown, 1997), retenida principalmente en la madera de los árboles, misma que al quemarse está el proceso se revierte usando oxigeno del aire y el carbono almacenado en la madera para liberar al final CO_2. Por lo que es necesario conservar los ecosistemas forestales y manejarlos adecuadamente, ya que pueden afectar el equilibrio dinámico de intercambio de gases (Ordóñez, 1999).

En los últimos años se ha comenzado a estimar la biomasa, así como el incremento y rendimiento de su volumen, mediante ecuaciones que relacionan la biomasa a sus componentes (raíces, fuste, ramas y hojas) y las características dasométricas de los árboles, con el fin de evaluar la productividad de los ecosistemas y observar el efecto y los flujos del CO_2 entre la vegetación, suelo y atmósfera (Brown, 1997).

Las plantaciones forestales ya sean para la producción de madera, protección de áreas seleccionadas o de restauración en zonas degradadas, también juegan un papel importante en el ciclo del CO_2, dado que gran parte de la biomasa está conformada por carbono (aproximadamente el 50%), además si son sometidas a manejos silvícolas desde jóvenes, se maximiza el volumen en madera, obteniendo mayor almacén y fijación de carbono, y contribuyen a mitigar los GEI (Brown, 1997; Schlesinger, 1997).

Pinus greggii Engelm., es una especie endémica de México, presenta rápido crecimiento y precocidad en su floración fuera de su ambiente natural, en la región norte de México ha mostrado una buena sobrevivencia y desarrollo en sitios secos (400-600 mm) (Dvorak y Donahue, 1993), características importantes para ser utilizada en plantaciones forestales de restauración en zonas degradadas y para la venta de servicios ambientales por concepto de captura de carbono.

El presente estudio, tuvo como objetivo estimar la cantidad de carbono que esta almacenada en la biomasa aérea (hojas, ramas y fuste) y evaluar el crecimiento e incremento en biomasa de fuste, en una plantación de *Pinus greggii* Engelm., en el Campo Agrícola Experimental Sierra de Arteaga (CAESA), Arteaga, Coahuila, mediante modelos alométricos y de crecimiento.

Metodología

Descripción del área de estudio

La plantación se localiza en el Campo Agrícola Experimental Sierra de Arteaga, se encuentra dentro de la Sierra Madre Oriental en Los Lirios, Arteaga, Coah., a una distancia aproximada de 45 km de Saltillo, Coah., entre las coordenadas geográficas 25° 23' a 25° 24' Norte y 100° 36' a 100° 37' Oeste, a una altitud de 2280 msnm (INEGI, 2000).

El área se encuentra dentro de la región hidrológica Bravo - Conchos (RH24) y la cuenca hidrológica Rio Bravo - San Juan (24B). La geología del CAESA está constituida de rocas de origen sedimentario, con depósitos de aluvión (CETENAL, 1977). Los suelos predominantes son los feozem calcáricos y en menor proporción las rendzinas, con una textura fina, que se encuentran en fase petrocálcica.

El clima es templado con verano fresco y largo, con una temperatura media anual de 14.8°C; la temperatura media del mes más frío es de 9°C y del mes más caliente de 19.7°C; la precipitación media anual es de 521.2 mm; los meses de mayor precipitación son de junio a septiembre y los más secos son diciembre y enero (CONAGUA, 2001). La fórmula climática del área de estudio es Cb (X')(Wo)(e)g.

Descripción de la plantación

La plantación o ensayo de procedencias se estableció en junio de 1992, en una superficie de 1428 m^2, con plántulas de *Pinus greggii* Engelm. de tres procedencias mediante un diseño experimental de tres bloques completos al azar, perpendiculares a la pendiente en exposición sur, con 39 plantas por parcela como unidad experimental, 117 plantas por procedencia y 351 plantas útiles en total; se utilizaron 98 plantas de borde. La distribución de la planta se hizo en "tresbolillo" con espaciamiento de 1.8 m.

Selección de árboles

La selección de los árboles muestra se realizó considerando la simulación de aclareos para el diseño de un área semillera del ensayo de tres procedencias de *Pinus greggii* Engelm. diseñado por Bucio (2006). Se seleccionó (trabajo de campo) un total de 20 árboles, considerando su vigorosidad, sin deformidades ni plagas o enfermedades e incluyendo todas las categorías de diámetro-altura existente (Schlegel *et al.*, 2000), así mismo, se descartó la posibilidad de ser analizados por procedencia.

Variables evaluadas

Una vez elegidos los 20 árboles en el área de estudio, se procedió a medir y registrar cada una de las variables de los árboles muestra, para lo cual las medidas fueron de dos formas, la primera con el árbol en pie y la segunda después de derribado el árbol (Schlegel *et al.*, 2000). A cada árbol en pie se le midió, el diámetro basal, el diámetro a 0.30

m, el diámetro normal (1.30 m) y el diámetro en donde inicia la copa, utilizando la cinta diamétrica; se midió también el diámetro de copa y se contó el número de verticilos.

Los árboles fueron derribados de manera direccionada con el fin de evitar daños a la plantación. Se utilizaron lonas colocadas en el suelo con el objetivo de evitar la pérdida de los componentes vegetales al momento del derribo del árbol. Una vez derribado, a cada árbol se le midió la altura total desde la base del tallo hasta el ápice, utilizando la cinta métrica. El derribo y la extracción de los árboles muestra fue realizado en dos fechas en un periodo no mayor a un mes para que la biomasa foliar no presentara variaciones.

Pesaje de componentes y obtención de muestras

Con el árbol derribado se procedió a seguir la metodología propuesta por Brown (1997) y Gayoso *et al.* (2002) la cual consistió en separar cada componente: hojas, ramas y fuste, éste último fue seccionado (trozas) a partir de la base del tallo hasta 1.30 m y las siguientes a cada metro hasta llegar a un diámetro no menor de 0.03 m.

Cada componente (hojas, ramas y fuste) se pesó en su totalidad en estado fresco con una báscula, del peso total de los componentes hojas y ramas se obtuvo y, peso una muestra representativa, colocándose en bolsas etiquetadas o con claves (nombre del componente, peso de la muestra, número de árbol y fecha).

A cada árbol se le extrajeron en promedio seis rodajas de 5 cm de espesor, la primera en la parte baja al diámetro mayor (0.05 m), la segunda a una altura de 1.30 m (Diámetro normal) y las demás rodajas se obtuvieron siguiendo las medidas de las trozas en los diámetros menores (2.30, 3.30, 4.30, 5,30 m) (Méndez *et al.*, 2005). Cada rodaja se etiqueto con una clave de identificación (número árbol, rodaja y altura) así como la bolsa de papel (número de árbol) donde fueron empaquetadas para un fácil manejo en su traslado al laboratorio para análisis complementarios.

Obtención del peso seco de las muestras

Una vez teniendo las muestras en laboratorio a cada componente fueron introducidas en estufas de secado de tipo convencional pertenecientes al laboratorio de Ingeniera Forestal de la Universidad Autónoma Agraria Antonio Narro, con el fin de obtener el peso constante o anhidro. Las muestras de follaje fueron secadas a una temperatura promedio de 75°C, las ramas y rodajas a temperaturas promedio de 80°C (Nájera, 1999). Para identificar el peso constante o anhidro de cada muestra se realizó un monitoreo cada tercer día, el cual consistió en pesar cada muestra con una báscula de gran precisión (0.001 gr).

Determinación del volumen fustal y edad de *Pinus greggii* Engelm.

Con base en las medidas registradas de cada árbol como: la altura total, longitud y diámetro (mayor y menor) de cada troza, se estimó el volumen del fuste total de cada árbol con la fórmula de Smalian.

Las rodajas de cada árbol fueron pulidas y barnizadas con el fin de facilitar el conteo de anillos de crecimiento y para resaltar el contorno de los mismos. Posteriormente y en orden fueron escaneadas, usando el escáner, así mismo, se utilizó el programa WinDENDROTM Reg 2005c y XLSTEMTM para contabilizar y medir los anillos de cada árbol; realizando el análisis trocal, el cual permitió obtener edad, el volumen de fuste anual y total de cada árbol.

Los volúmenes del fuste, obtenidos con la fórmula de Smalian y el obtenido con WinDENDROTM y XLTSTEMTM fueron comparados para verificación de resultados, utilizando éste último por mayor precisión.

Para obtener la biomasa seca aérea del árbol de *Pinus greggii*, se obtuvo, primeramente, el contenido de humedad para cada componente; hojas, ramas y fuste y posteriormente, obtener su biomasa seca. Con los valores de biomasa seca de cada uno de los componentes (hojas, ramas y fuste) se realizó una sumatoria obteniéndose así la biomasa seca total del árbol. Para mejor comprensión se muestra los procedimientos seguidos.

a) Estimación del contenido de humedad de hojas ramas y fuste; utilizando los valores de peso fresco y peso seco con base a la siguiente ecuación propuesta por Schlegel *et al.* (2001).

$$CH = \frac{(Phs - Pss)}{Pss} * 100$$

Dónde:

CH = Contenido de humedad (%)
Phs= Peso húmedo submuestra (gr)
Pss= Peso seco submuestra (gr)

Con el contenido de humedad se calculó la proporción del peso húmedo que corresponde a biomasa total a nivel componente (hojas, ramas y fuste) y árbol, acorde a la siguiente fórmula:

$$B = \frac{PhBt}{1 + (CH/100)}$$

Dónde:

B= Biomasa seca (gr).
PhBt= Peso húmedo total de biomasa (gr).
CH= Contenido de humedad (%).

b) La biomasa seca de fuste fue obtenida con dos finalidades:

1) Incorporarla a la biomasa seca aérea del árbol y ajustar modelos alométricos para estimar la biomasa de cada componente y total.

2) Obtener la biomasa seca de fuste a cada edad (años); utilizando el volumen anual obtenido con WinDENDROTM y XLSTEMTM y la densidad básica (0.463 gr cm³) de *Pinus greggii* determinada por López y Valencia (2000), posteriormente, determinar el crecimiento e incremento de la misma. Se utilizó la siguiente fórmula para el segundo procedimiento.

$$Bf = V * Dm$$

Dónde:

Bf = Biomasa de fuste (ton).
V= Volumen (total o anual) de fuste (m³).
Dm= Densidad de la madera (gr cm³).

Las estimaciones de biomasa seca de fuste, se realizaron de acuerdo con el valor de densidad básica y el volumen de madera verde permitiendo conocer la proporción que biomasa seca que existe en un determinado volumen.

c) La estimación de la biomasa seca total se estimó sumando los tres componentes de biomasa; hojas, ramas y fuste total.

$$Bt = Bh + Br + Bf$$

Dónde:

Bt= Biomasa total (gr).
Bh= Biomasa de hojas (gr).
Br= Biomasa de ramas (gr).
Bf= Biomasa del fuste total (gr).

Con los valores obtenidos de biomasa por componente y total se estimaron los valores de carbono por componente, multiplicado por el factor de conversión FC= 0.5 recomendado por el IPCC (1996), misma que representa el porcentaje promedio de carbono concentrado en el tejido vegetal (Brown, 1997; Schlesinger, 1997).

Ajuste de modelos para la biomasa por componente y total

Se probaron siete modelos alométricos propuestos por la FAO (1999) y Gayoso *et al.* (2002) (Tabla 1) para estimar la biomasa por componente (hojas, ramas, fuste) y total de *Pinus greggii* en función de sus variables diámetro normal y altura total, utilizando el paquete estadístico Statistical Analysis System (SAS) versión 9.1.

Tabla 1. Modelos probados para estimar la biomasa por componente y total en *Pinus greggii* Engelm., en Arteaga, Coahuila.

No.	Modelos
1	$LnY = \beta_0 + \beta_1 LnD$
2	$Y = \beta_0 + \beta_1 D + \beta_2 D^2$
3	$Y = \beta_0 + \beta_1 D^2 + \beta_2 H + \beta_3 D^2 H$
4	$Y = \beta_0 + \beta_1 D^2$
5	$Y = \beta_0 + \beta_1 D + \beta_2 D^2 H$
6	$LnY = \beta_0 + \beta_1 D$
7	$LnY = \beta_0 + \beta_1 LnD^2 H$

Dónde: Y= Biomasa en hojas, ramas, fuste y total (gr); β_0, β_1, β_2 y β_3= Parámetros estadísticos; Ln= Logaritmos natural; D= Diámetro normal (cm) y H= Altura total del árbol (cm).

La prueba y selección de los modelos de biomasa por componente y total del árbol, se realizaron en el programa de SAS y con fundamento de criterios: 1) el valor más bajo del cuadrado medio del error (CME), 2) el valor más alto del coeficiente de determinación (R^2), 3) análisis de los residuales estudentizados (r-Student), 4) análisis de normalidad con la prueba de Shapiro-Wilk, 5) el valor más bajo de los predichos residuales de la sumatoria de cuadrados (PRESS) y (ABSPRESS), 6) el número de observaciones (n) y 7) el análisis de simplicidad del modelo.

Ajuste de modelos de crecimiento a la biomasa de fuste

Se probaron nueve modelos (Gompertz, Schumacher, Parábola, Polinomial, Logístico, Logístico de tres parámetros, Logístico de cuatro parámetros, Exponencial, Exponencial de cuatro parámetros) para estimar y describir el crecimiento e incremento en biomasa de fuste de *Pinus greggii* utilizando los valores de biomasa de fuste anual de cada árbol obtenidos con WinDENDROTM y XLSTEMTM.

El ajuste de los modelos de crecimiento en biomasa de fuste, se realizaron utilizando el programa estadístico SPSS 8.0 for Windows. La elección del mejor modelo se fundamentó en los siguientes criterios: a) el valor mayor de coeficiente de determinación (R^2), b) el valor menor del cuadrado medio del error (CME), c) el valor menor del error estándar (Syx), d) el valor menor de coeficiente de variación (CV) y e) el valor mayor de la F calculada (F cal).

Resultados y discusión

Características dendrométricas y estadísticos básicos

Los 20 árboles de *Pinus greggii* analizados en el presente estudio, comprendieron un diámetro normal entre 7.1 y 11.8 cm y una altura de 4.93 a 7.92 m, es decir, se incluyen las dos categorías diámetricas (5-10 cm) y de altura existentes en la plantación. Con respecto a los valores obtenidos de biomasa seca de hojas osciló entre 816.16 y 7680.22 gr, mientras que para la biomasa seca de ramas osciló de 1370.46 a 11394.23 gr, en el caso de la biomasa seca de fuste osciló entre 6139.48 a 18745.87 gr y la biomasa seca total de 8903.25 a 36519.03 gr. Existen estudios de estimación de biomasa aérea, los cuales incluyen la mayoría de las categorías diámetricas-alturas existentes de su área de estudio, como el que reporta Návar *et al.* (2001) en plantaciones forestales de *Pinus durangensis* y *P. cooperi* en Durango y el de Aguilar (2009) en una plantación de *Pinus greggii* Engelm., en Arteaga, Coahuila.

Porcentaje de biomasa por componente en *Pinus greggii* Engelm.

En el fuste el porcentaje de biomasa promedio fue de 61.8%, variando desde 47.8% a un máximo de 75.9%. En las ramas se presenta un porcentaje promedio de 24.7% de biomasa, variando desde un mínimo de 14.5% a un máximo de 31.2%. El porcentaje promedio de biomasa de hojas es de 13.5%, variando desde 9.2% a un máximo de 21.0%. Algunos estudios referentes a porcentaje promedio de biomasa por componente en pinos, son como el de Návar *et al.* (2001) quienes reportan que la biomasa en plantaciones forestales de *P.durangensis* y *P. cooperi*, los fustes, ramas y hojas representaron el 64 y 67%; 22.5 y 22.4% y el 13.5 y 10.6%, respectivamente.

Biomasa aérea de *Pinus greggii* Engelm.

Modelos para la estimación son: Modelo para la estimar la biomasa de hojas: El modelo seleccionado fue el 2, por presentar un $R^2=$ 0.903 y un C.M.E.= 121472.0 y con una buena distribución de los residuales estudentizados y cumple con la prueba de normalidad. Modelo para estimar la biomasa de ramas: El modelo 4 fue el que mostró mejor ajuste para estimar la biomasa de ramas al presentar buenos estadísticos ($R^2=$ 0.952, C.M.E.= 140093.0 y con los residuales estudentizados presentaron una buena distribución. Modelo para estimar la biomasa de fuste: El modelo seleccionado para estimar la biomasa de fuste de *Pinus greggii* fue el 5 dado que presentó buenos estadísticos ($R^2=$ 0.980, C.M.E.= 426869.0, y con valores de PRESS= 8806434.7 y ABSPRESS= 9923.2). Modelo para estimar la biomasa total: El modelo 3 es el que mejor estima la biomasa total presentando el valor más alto de R^2 (0.966) y el menor valor de C.M.E. (1822812.0), presenta también una buena distribución de los residuales estudentizados y cumple con la prueba de normalidad (0.230).

Biomasa aérea y carbono capturado en la plantación de *Pinus greggii* Engelm.

Usando los modelos seleccionados por componente y utilizando la información dendrométrica de la plantación de *P. greggii* se estimó la biomasa aérea a nivel hectárea y usando el factor de conversión de biomasa a carbono recomendado por el IPCC (1996) se obtuvo lo siguiente:

A nivel árbol, la biomasa aérea y el carbono almacenado promedian en 19.46 kg y 9.73 kg, respectivamente; la biomasa aérea de la plantación corresponde a 24.24 t ha^{-1} distribuida en fustes (61.48%), ramas (22.94%) y hojas (15.58%), con una productividad primaría neta estimada de 1.52 t ha^{-1} año^{-1} y un almacenamiento de carbono de 12.12 t C ha^{-1}.

Con fines comparativos de almacenaje de biomasa y carbono en *Pinus greggii*, de este estudio con otros, Pacheco *et al.* (2007) reportan una biomasa seca aérea promedio de 8.0 kg por árbol de una plantación de 6 años de edad de *Pinus greggii*, de la cual el fuste aporta el 51%, ramas 24% y el follaje 25%; la biomasa aérea a nivel plantación fue de 35.2 t ha^{-1} con una productividad primaria neta de 5.8 t ha^{-1} año^{-1} y un almacén de carbono de 17.9 t ha^{-1}. Estos resultados obtenidos son más altos al presente estudio, debido a que la plantación comprende una mayor densidad (4425 árboles ha^{-1}) comparada a nuestra área de estudio (1246 árboles ha^{-1}), por otra parte la similitud con respecto al porcentaje de biomasa de ramas y hojas se debe a que es una plantación joven que no ha recibido ningún manejo silvícola como podas, raleos etc. además de estar establecida en un ambiente favorable para dicha especie mismo que le ha permitido obtener un buen crecimiento y desarrollo.

Crecimiento e incremento en biomasa fustal de la plantación de *Pinus greggii* Engelm.

El modelo que presentó el mejor ajuste para estimar el crecimiento en biomasa fustal de *P. greggii* fue el de Gompertz, presentando buenos estadísticos (R^2= 0.781 y de C.M.E.= 2.8759), además, de que la curva de crecimiento en biomasa de fuste presentó buen comportamiento.

Con el modelo seleccionado la curva de crecimiento en biomasa de fuste en los primeros 3 años tiende a ser lineal representando un crecimiento lento con una biomasa de fuste promedio de 0.002 kg; posteriormente, la curva presenta una parte cóncava hasta los 9 años, siendo el crecimiento más rápido representando una biomasa de fuste promedio de 1.200 kg. A partir de 9 años hasta los 16 años la curva presenta otra parte lineal, mostrando un crecimiento más acelerado alcanzando una biomasa promedio de 9.772 kg y tiende a incrementarse conforme aumenta la edad. Los rangos de crecimiento en biomasa observada fustal de los árboles analizados fluctuaron entre los 5.466 y 18.270 kg a la edad de 16 años. Así mismo, este comportamiento en crecimiento de biomasa de fuste solo representa cerca del 61.8% de la biomasa aérea, por lo que faltaría conocer cuál es el crecimiento en biomasa de ramas (24.7%) y hojas (13.5%).

Incrementos en biomasa de fuste

Los incrementos corriente y medio anual (ICA e IMA) en biomasa de fuste de *Pinus greggii* Engelm., fueron proyectados hasta una edad de 30 años (parte sombreada) (Figura 1). Ambos incrementos comienzan con un crecimiento lento, alcanzando un valor de incremento de 0.002 kg en biomasa de fuste durante los primeros 3 años y si consideramos la fracción de carbono (IPCC, 1996) tenemos un incremento de carbono almacenado en la biomasa de fuste de 0.001 kg. Después el ICA a los 14 años alcanza su máximo valor de 1.429 kg año^{-1} en biomasa de fuste, con una tasa de captura de carbono de 0.714 kg año^{-1} posteriormente, decrece rápidamente hasta los 30 años sin llegar a estabilizarse. El IMA alcanza su máximo incremento en biomasa de fuste y carbono de 0.720 kg año^{-1} y 0.360 kg año^{-1} respectivamente, a los 21 años, en donde intercepta a la curva del ICA, después disminuye muy lentamente sin llegar a estabilizarse.

El ICA en biomasa de fuste de *Pinus greggii* a la edad de 16 años (edad de la plantación) alcanza un valor de incremento de 1.276 kg año^{-1} en biomasa de fuste y 0.638 kg año^{-1} de carbono. El IMA alcanza un valor de incremento en biomasa de fuste de 0.632 kg año^{-1} y un carbono de 0.316 kg año^{-1}.

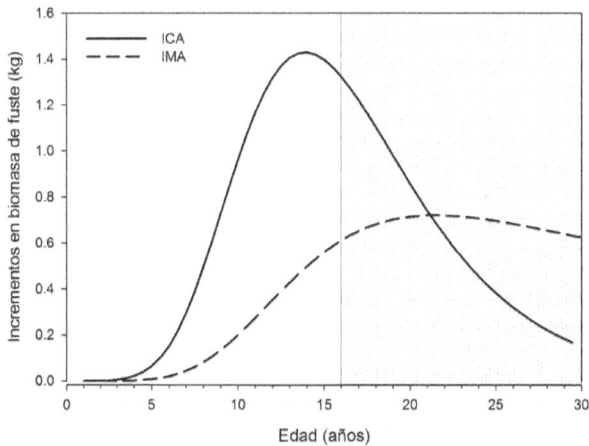

Figura 1. Relación edad y curvas de incremento corriente anual (ICA) y medio anual (IMA), para *Pinus greggii* Engelm., en Arteaga, Coahuila.

Pacheco *et al.* (2007) reporta para una plantación de *Pinus greggii* Engelm, con edad de 6 años, una biomasa seca aérea promedio en fuste de 4.1 kg [51%] correspondiente a la biomasa total aérea a nivel árbol (8 kg). Con el uso de la fórmula de IMA se obtuvo un incremento en biomasa de fuste de 0.679 kg año^{-1}. Resultado semejante al presente estudio que fue de 0.632 kg año^{-1} [61.8%] en IMA en biomasa de fuste, sin embargo, la plantación que maneja este autor es más joven al presente estudio (16 años).

Conclusiones

Las estimaciones de la biomasa de las hojas y ramas de *Pinus greggii* pueden obtenerse por medio de los modelos 2 y 4, respectivamente, usando el diámetro normal. La biomasa de fuste y total pueden usarse los modelos 5 y 3 respectivamente, los cuales utilizan el diámetro normal y altura total. Con los modelos seleccionados para estimar la biomasa por componente (hojas, ramas y fuste) e integrándola, se puede obtener confiablemente la biomasa aérea de *P. greggii*, en comparación del modelo seleccionado de biomasa total. El carbono que almacena *P. greggii* se encuentra distribuido en la biomasa aérea principalmente en el fuste (61.48%), en las ramas (22.94%) y en hojas (15.58%).

Se estimó y describió el crecimiento e incremento en biomasa de fuste de *Pinus greggii* mediante la metodología de análisis troncales y probando nueve modelos de crecimiento. El modelo que mejor explica el crecimiento e incremento en biomasa fustal fue el de Gompertz (R^2= 0.781). *P. greggii* alcanza su mayor incremento corriente anual (ICA) a los 14 años con una producción de biomasa de fuste de 1.429 kg año^{-1} y una captura de carbono de 0.7145 kg año^{-1}. Mientras que el incremento medio anual (IMA) máximo es alcanzado a los 21 años.

Los estudios sobre crecimiento e incremento en biomasa de plantaciones forestales son muy escasos, por lo que se deben seguir realizando para determinar la productividad en especies con alto valor ecológico especialmente los de *Pinus sp.* Asi mismo, realizar investigaciones relacionados con carbono en las raíces y en el suelo, lo que permitirá que la suma de estos datos nos dé una información más completa del verdadero papel que juegan estos ecosistemas en el almacenaje de carbono.

La especie de *Pinus greggii* en el presente estudio, mostró tener una gran importancia ambiental, por lo que se recomienda realizar proyectos para la venta de servicios ambientales sobre captura de carbono, protección y restauración de suelos, así como de paisajismo y recreación.

Referencias

Aguilar, C. J. (2009). *Captura de carbono en una plantación de Pinus greggii Engelm., en Arteaga, Coahuila.* Tesis Profesional. U.A.A.A.N. Buenavista, Saltillo, Coahuila.

Brown, S. (1997). *Estimating biomass and biomass change of tropical forests: a Primer. FAO Forestry Paper.* Department of Natural Resources and Environmental Sciences, University of Illinois, Urbana, IL, USA. 134: 49 p.

Bucio, Z. E. (2006). *Selección de árboles y diseño de una área semillera de Pinus greggii Engelm. en el CAESA, Arteaga, Coahuila.* Tesis Profesional. U.A.A.A.N. Buenavista Saltillo, Coahuila.

CETENAL. (1976). Carta Geológica. San Antonio de las Alazanas. G14 C35. Escala 1:50,000. México.

Comisión Nacional del Agua (CONAGUA) (2001). Dirección local de Coahuila. precipitación y temperaturas de la estación meteorológica de San Antonio de Las Alazanas, Arteaga, Coahuila. Periodo 2000-2005 (Documento inédito).

Dvorak, W. S. y Donahue, J. K. (1993). *Reseña de investigaciones de la Cooperativa CAMCORE 1980-1992.* Traducc. Meneses, J. Departamento Forestal, Universidad Estatal de Carolina del Norte. USA. 94 p.

Food and Agriculture Organization of the United Nations (1999). *A statistical manual for forestry research. Food and Agriculture Organization of the United Nations.* Regional Office For Asia And The Pacific. Bangkok. 234 p.

Gayoso, J., Guerra, J., y Alarcón D (2002). *Contenido de carbono y funciones de biomasa en especies nativas y exóticas.* Proyecto FONDEF. Universidad Austral de Chile. Valdivia, Chile. 157 p.

INEGI. (2000). Carta topográfica. San Antonio de las Alazanas. G14 C35. Escala 1:50,000. México.

Intergovernmental Panel on Climate Change (IPCC) (1996). *Guidelines for national greenhouse gas inventories: the reference manual.* (Volumen 3). Disponible en http://www.ipcc-nggip.iges.or.jp/public/gl/invs6d.html

López, L.M., y Valencia M. S. (2000). Variación de la densidad relativa de la madera de *Pinus greggii* Engelm. del norte de México. *Madera y Bosques* 7: pp.37-46.

Méndez, G.J., Morales, C.F., Ruíz, G. V. J., Nájera, L. J.A., Graciano, L. J. J., y Návar. C. J. J. (2005). Ajuste de modelos para estimar biomasa fustal en *Pinus cooperi* y *P. leiophylla*, de la región de El Salto, Dgo. México. *Agrofaz* 5: pp.883-892.

Nájera, L. J. A. (1999). *Ecuaciones para estimar biomasa, volumen y crecimiento en biomasa y captura de carbono en diez especies típicas del Matorral Espinoso Tamaulipeco del nordeste de México*. Tesis de maestría. Facultad de Ciencias Forestales, UANL. N.L. Mex.

Návar, J., González, N., y Graciano, J (2001). Ecuaciones para estimar componentes de biomasa en plantaciones forestales de Durango, México. *Simposio Internacional Medición y Monitoreo de la Captura de carbono en Ecosistemas Forestales*. Octubre, 2001. Valdivia- Chile.

Ordóñez, J. A. B. (1999). *Captura de carbono en un bosque templado: el caso de San Juan Nuevo, Michoacán*. Primera edición. Desarrollo Gráfico Editorial, S. A. de C.V. Municipio Libre 175, Col. Portales México D.F. 73 p.

Ordóñez, J. A. B., y Masera, O (2001). La captura de carbono ante el cambio climático. *Madera y Bosques* 7: pp. 3-12.

Pacheco, E. F. C., Aldrete, A., Gómez, A., Fierros, A. M., Cetina, V. M., y Vaquera, H. (2007). Almacenamiento de carbono en la biomasa aérea de una plantación joven de *Pinus greggii* Engelm. *Revista Fitotecnia*. México 30: pp. 251-254.

Schelegel, B., Gayoso, J., y Guerra, J. (2000). *Manual de procedimientos muestreos de biomasa forestal. Medición de la capacidad de captura de carbono en bosques de Chile y promoción en el mercado mundial*. Proyecto FONDEF. Universidad Austral de Chile. 21p.

Schelegel, B., Gayoso, J., y Guerra, J. (2001). *Manual de procedimientos para inventarios de carbono de carbono en ecosistemas*. Medición de la capacidad de captura de carbono en bosques de Chile y promoción en el mercado mundial. Proyecto FONDEF. Universidad Austral de Chile. 17 p.

Schlesinger, W. H. (1997). Biogeochemistry: an Analysis of Global Change. Academic Press, San Diego, CA. USA. 588 p

ABONO ORGÁNICO A BASE DE LOMBRICOMPOSTA

Morales Tamanis Abraham, Flores Pérez Hugo

Instituto Tecnológico Superior de la Sierra Norte de Puebla. Av. José Luis Martínez Vázquez, No. 2000, Jicolapa, Zacatlán, Puebla, 73310. *mo_abraham_123@hotmail.com*. hugoflores33@gmail.com

Resumen

En este artículo se da a conocer el resultado de la aplicación de obtener abono orgánico que puede ser capaz de sustituir a los fertilizantes químicos a base de un proceso llamado lombricomposta. Este consistió en tres tratamientos experimentales en un sistema anaeróbico, los cuales cada tratamiento está constituidos por excrementos de origen animal, borrego (T1), caballo (T2) y vaca (T3), con la finalidad de determinar cuál de estos tres métodos es viable en producirlo con la mejor efectividad posible que permita reducir a los abonos químicos que afectan los suelos. Para llevarlo a cabo se tomaron las variables de estudió como son pH, humedad, temperatura interna y externa en la que repercuten en el proceso y sin descartar las otras variables de estudio las cuales son, cantidad de lombrices generado, crecimiento y la cantidad de abono generado en cada tratamiento y por último se suministró con hortalizas(rábanos, cebollín, jitomate y zanahoria, testigo) para identificar que abono tiene mayor impacto en el desarrollo de dichas hortalizas, considerando que estos factores se interpretaron con herramientas de ingeniería industrial tales como el diseño de experimentos de un solo factor y estadística descriptiva y el uso del minitab.

Palabras clave

Palabras clave: Abono, Lombricomposta, Orgánico, Suelos, Restauración, Diseño, Testigo.

Abstract

In this article, we present the result of the application of obtaining organic fertilizer that may be able to replace chemical fertilizers based on a process called vermicomposting. This consisted of three experimental treatments in an anaerobic system, which each treatment consists of excrement of animal origin, sheep (T1), horse (T2) and cow (T3), in order to determine which of these three methods is viable in producing it with the best possible effectiveness that allows to reduce the chemical fertilizers that affect the soil. To carry out the study variables were taken as they are pH, humidity, internal and external temperature in which they have an impact on the process and without discarding the other study variables which are, amount of earthworms generated, growth and the amount of fertilizer generated in each treatment and finally was supplied with vegetables (radishes, chives, tomato and carrot, control) to identify which fertilizer has the greatest impact on the development of these vegetables, considering that these factors were interpreted with industrial engineering tools such as design of single-factor experiments and descriptive statistics and the use of Minitab.

Keywords: Compost, Worm compost, Organic, Soils, Restoration, Design, Witness.

Introducción

La agricultura convencional o moderna es un sistema de manejo agrícola que se basa en el uso intensivo de insumos y maquinaria. Esta forma de producir ha demostrado al pasar el tiempo, su agresividad sobre los agro ecosistemas y la alta destrucción del ambiente debido al abuso con los agroquímicos (fertilizantes químicos, herbicidas, insecticidas, fungicidas.) los cuales se acumulan en los; suelos, agua, atmósfera representando una amenaza para la vida, por su alto grado de toxicidad. Como parte de las técnicas agrícolas mencionadas, la lombricultura es una herramienta de recién aplicación en el aprovechamiento de residuos orgánicos y abonos de animales, ya que pueden encargarse de reciclarlos en el suelo y en el menor tiempo, generando así los abonos llamados "Lombricomposta" o "Vermicomposta"; capaces de sustituir a los fertilizantes químicos por lo que se ha convertido en una técnica que auxilia en la conservación y mejoramiento del recurso suelo.

Por lo que en el proyecto están basados en tres tratamientos experimentales en un sistema anaeróbico, los cuales cada tratamiento están constituidos por excrementos de origen animal, borrego (T1), caballo (T2) y vaca (T3), con la finalidad de determinar cuál de estos tres métodos es viable en producir abono orgánico, tomando las variables de estudió como son pH, humedad, temperatura interna y externa en la que repercuten en el proceso y sin descartar las otras variables de estudio las cuales son, cantidad de lombrices generado, crecimiento y la cantidad de abono generado en cada tratamiento y por último se suministró con hortalizas para identificar que abono tiene mayor impacto en el desarrollo de dichas hortalizas, considerando que estos factores se interpretaron con herramientas de ingeniería industrial tales como el diseño de experimentos de un solo factor y estadística descriptiva.

Metodología

Para llevar a cabo el experimentó se utilizaron los siguientes excrementos para producir abono orgánico a base de lombricomposta en un sistema anaeróbico. T1. Excrementó de borrego. T2. Excrementó de caballo. T3. Excrementó de vaca. Factores experimentales que se analizaron son: medición de humedad, medición de PH, medición de temperatura interna y externa, rendimiento del abono orgánico en cada tratamiento, cantidad de reproducción de lombriz, peso y longitud, crecimiento de las plantas.

Ubicación del Área de Trabajo.

La presente investigación de lombricomposta se realizó en el Instituto Tecnológico Superior de la Sierra Norte de Puebla que se encuentra ubicado en la Avenida José Luis Martínez Vázquez Núm. 2000, Jicolapa, Zacatlán, Puebla. Una vez que se definió el área se prosiguió en acondicionar el lugar donde se deberían ubicar los tratamientos, en un área de 48 mts cuadrados. Se realizaron tres cajones los cuales tenían las siguientes características: 2 metros de altura y 1.20 metros de ancho, la parte del techo mide 1.40 metros de ancho con un grosor de 10 centímetros y por último la parte de la base que mide 20 centímetro de grosor.

Preparación de los tratamientos (T1B, T2C, T3V).

T1B. (Tratamiento de borrego). En primera instancia se asignó un código el cual es T1B su significado es (tratamiento 1 borrego), T2C (Tratamiento De caballo), T3V (tratamiento de vaca) esto con la finalidad de distinguir dichos tratamientos. Posteriormente se dividieron cada uno, en un metro cuadrado con madera (costera) con el propósito de tener una medición confiable en cada uno. **Para el tratamiento T1B** se pesó 50 kg de tierra de monte en la que posteriormente se suministró en dicha área, enseguida se pesó 100 kg de estiércol de borrego, en la que de igual manera se suministró en el área definida, por lo consiguiente se revolvió los dos desechos orgánicos generando un total de 150 kg entre estiércol y tierra de monte con un grosor 15 centímetro. **Para el tratamiento T2C** se suministraron 50kg de tierra de monte en dicha área construida, posteriormente de la misma manera se suministró 100kg de estiércol de caballo en donde de la misma manera se esparció y revolvió con la tierra de monte. Generando 150 kg entre estiércol y tierra de monte, además obteniendo un grosor de 15 centímetros. Por ultimo **para el tratamiento T3V** se suministraron 50kg de tierra de monte y 100 kg de estiércol de vaca y de igual manera se esparció y revolvió en un metro cuadrado obtenido un grosor de 15 cm de grosor.

Finalizando la parte de la preparación de los tratamientos se prosiguió a suministrar la lombriz californiana (esenia foetida) en cada uno de los tratamientos, pues para ello antes de introducir la lombriz se tomó un muestra general para tener un parámetro de que lombrices predominaban al inicio del proyecto (recién nacidas juveniles o adultas). En primer lugar se pesó 1 kg de lombrices en una báscula, enseguida se suministró a los cajones esparciéndolo de manera proporcional esto se realizó para los tres tratamientos (T1B, T2C Y T3V).

Medición de humedad.

La humedad en los procesos de lombricomposta es de gran importancia controlarlo, debido a que repercute en el proceso, de acuerdo a la investigación realizada la humedad idónea es del 80%, si bien se maneja una humedad excesiva, es decir que se tenga el sustrato encharcado, la lombriz emigra por el encharcamiento o en su debido caso llega a ahogarse tendiendo a morir. Por otra parte si la lombricomposta se maneja no tan humedad es decir seca la lombriz se deshidrata llegando a morir, esto debido a que la lombriz respira por la piel, es por ello que en este proyecto se tomaron lecturas de humedad para tener un control estable, estos datos se recabaron al inicio y al término del proyecto. El proceso se realizó en cada uno de los tratamientos de la siguiente manera, con ayuda de un hidrómetro, se sumergió a la lombricomposta posteriormente se graficó mediante gráficos XR con un software Minitab 16 y poder identificar el comportamiento de la humedad, obteniendo los siguientes resultados para el tratamiento T1B se obtuvo una media del 84.07% y con una desviación estándar de 0.62%. Para el tratamiento el T2C se obtuvo una media de 82.2% en trayecto del proyecto con una desviación estándar del 0.7132%. Para concluir el tratamiento T3V fue de 81.4% y una desviación estándar del 0.55%.

Medición de pH.

Otro de los factores que intervienen en la elaboración de lombricomposta es el grado de acides (pH) se maneja de 6.5 a 7.5 estos los rango recomendados es decir neutros para tener una buena calidad de lombricomposta. Si se manejan pH de 5,4 es decir muy acidas se genera un abono muy básicos y además el proceso de elaboración no es la correcta porque las lombrices tienden a morirse. Cuando se manejan pH de 8 es decir alcalino no ácidos, pues esto no favorece ya que no se tendría de igual forma el proceso requerido, es decir sin propiedades elementales.

Es por ende que en este proyecto se tomó en consideración ese factor para los tres tratamientos, en donde se utilizó un medidor de PH para suelos en donde se obtuvieron los siguientes resultados para el tratamiento T1B se obtuvo una media de 7.06, es decir neutro y con una desviación estándar del 0.2079. Para el tratamiento de caballo T2C se determinó una media de 7.0460 de pH, con una desviación estándar del 0.2106. Para terminar el tratamiento de vaca T3V se calculó una media que se manejó durante el proceso fue de 7.1264 y con una desviación estándar del 0.3346. Podemos concluir que el manejo se llevó de manera normal de acuerdo a los datos estadísticos obtenidos.

Medición de temperatura interna.

Para tener un buen manejo en la elaboración de abono orgánico a base de lombricomposta es necesario controlar otro factor como lo es la temperatura interna en la cual es uno de los que influye en el proceso, debido a que se tienen ciertos límites de temperatura que se deben manejar las cuales son las siguientes no deben de exceder de 25°C. Y tampoco descender de 15°C. De acuerdo a la investigación realizada. Es por lo cual que en este manejo se midieron en los siguientes tratamientos.

Para cada uno de ellos se obtuvieron las temperaturas interna para la cual se utilizó un termómetro de mercurio, dichos datos fueron monitoreados durante tres meses los cuales fueron manejados en el software de minitab 16 obteniendo los siguientes resultados para cada uno de los tratamientos: Para el T1B se presentó una media del 15.437°C y una desviación estándar del 3.052°C. Para el T2C se determinó una media que fue de 15.655°C y con una desviación estándar del 3.165°C. Para culminar T3V se determinó una media de 15.402°C y una desviación estándar del 3.565°C. Analizando los datos podemos concluir que este factor es muy difícil controlar debido a que interviene mucho las condiciones ambientales y por ello en este tratamiento se registraron datos mínimos a lo recomendado.

Medición de temperatura externa.

Otro factor que influye en el desarrollo de la lombricomposta es la temperatura externa en la cual se deben de manejar máximo del 25°C y 15°C como mínimo de acuerdo a la investigación realizada. Si el ambiente es caluroso es necesario agregar agua en la lombricomposta debido a que se deshidrata y tiende a que las lombrices se mueran, es por ello que en el presente proyecto se tomó en cuenta esta parte en cada uno de los tratamientos.

Para cada uno de los tratamientos se obtuvieron las temperaturas externas para la cual se utilizó un barómetro, dichos datos fueron monitoreados durante tres meses los cuales fueron manejados en el software de minitab 16 obteniendo los siguientes resultados para cada uno de los tratamientos:

Para el tratamiento T1B se obtuvo una media de 16.569°C con una desviación estándar del 2.977. Para el tratamiento T2C se obtuvo una media de 16.632°C con una desviación estándar de 3.250°C. Por último para el tratamiento T3V la media que se calculo fue de 16.609°C con una desviación estándar 3.243°C, todas estas temperaturas variaron debido a que la región el cambio climático es muy desequilibrado es decir que tanto puede hacer calor como puede llover o hacer frio.

Separación del abono orgánico con respecto a la lombriz.

Lo primero que se realizo es verificar que en cada tratamiento el abono estuviera con las siguientes características. Olor agradable asimilación con tierra de monte, no haya lombrices indagando en el lugar, desechos totalmente descompuestos por las propias lombrices, tener una humedad idónea.

Después de haber realizado la verificación se prosiguió a remover el abono orgánico en la cual se llevó de la siguiente manera. De forma manual se amonto el abono orgánico generado montañas para poder separar la lombriz se realizó de esta manera debido que la lombriz emigra cuando se remueve y así mismo cuando la luz lo penetra se esconde y por lo consiguiente se sitúan en montones hasta quedar completamente abono orgánico. Posteriormente se cernió el abono mediante una cernidora de 1 metro de largo por 50 centímetros de ancho, lo primero que se realizo es poner la cernidora sobre el contenedor con capacidad de un metro cubico y posteriormente se agregó el abono generado en la que llevaba lombrices, enseguida se meció de izquierda derecha para poder separar la lombriz y obtener el abono puro, de esta manera se llevó a cabo para los tres tratamientos. Teniendo en abono cernido de los tres tratamientos se realizó se el pesaje de cada tratamiento pues para ello estos datos recabados se registraron en la siguiente tabla 1.

Tabla 1. Abono generado de los tratamientos T1B, T2C Y
*T3V.*Resultados y discusión

Abono generado (lombricomposta) en kilogramo.		
T1B.	T2C.	T3V.
110 kg	95 kg	102 kg.

Para finalizar con respecto a los resultados obtenidos de cada diseño de experimentos, se analizaran cada uno de ellos de acuerdo a las variables de respuesta. Partiendo del primer diseño de experimentos de un factor con respecto a la lombriz en la cual se formularon tres variables de respuesta en donde se fueron analizando en diferentes etapas, la primera variable de respuesta.

Reproducción de lombriz en unidades.

Analizando cada tratamiento T1B, T2C Y T3V se percibe diferencia en la reproducción de lombrices esto se debe a que cada estiércol contiene diferentes propiedades, en el estiércol de borrego T1B es donde se tuvo una escala alta en reproducción de lombrices debido a que este tratamiento con es muy mazado (estiércol pulverizado) en la que las lombrices al momento de ingerir lo hacían de manera rápida y fácil y por ende al estar uniformemente ingiriendo los desechos.se tuvo una reproducción con mayor frecuencia.

Mientras que el tratamiento T2C de caballo y T3V de vaca no se generó una reproducción adecuada esto se debe a que el estiércol de caballo y vaca contienen propiedades pastosas, recalando que estos animales su excreta no está bien pulverizado, repercutiendo así en la reproducción de lombriz, porque al momento de ingerir la lombriz deja las partes pastosas y así mismo no acelera su ciclo de reproducción por estas variantes.

Prosiguiendo con el análisis de resultados pero en esta ocasión con la siguiente variable de respuesta, que es la longitud en cm.

Longitud en cm.

Citando al tratamiento T1B de borrego podemos decir que es donde se tuvo un mejor tamaño es decir que creció la lombriz de una manera idónea, esto se debe a que se tuvieron las condiciones óptimas así mismo el estiércol de borrego tiene mayores propiedades que ayudan a la lombriz a que tengan un desarrollo vulnerable.

En el tratamiento T2C de caballo y T3V de vaca en cuestión de crecimiento son igual, esto a que las propiedades de estiércol de caballo y vaca son similares es decir que de igual forma tiene propiedades pastosas y además requieren de mucha agua para poder tener una humedad considerable. Por último se pasó a la última variable de respuesta la cual es.

Peso de la lombriz en gr.

De cierta forma de acuerdo a los resultados obtenidos podemos deducir que el tratamiento T1B de borrego tuvo un mayor peso en cuanto a gramos, esto se debe a que el estiércol de borrego no se agregó mucha agua, así mismo esto implico a que se desarrollaran de manera uniforme y además tuviera el peso idóneo.

Mientras que en el tratamiento T2C de caballo y el tratamiento T3V de vaca no se generó un peso vulnerable en la cual implico a que el estiércol empleado no tienen propiedades benéficas, así mismo de que estos tratamientos se les agrego más agua debido a que contenían propiedades pastosas, es por ello de la diferenciación de resultado obtenidos.

Rendimiento del abono orgánico.

Teniendo estos resultados en cuanto a la extracción del abono orgánico se puede decir que en tratamiento T1B se tuvo un **rendimiento del 73.3%** que equivale en kilogramos a 110 kg. Y una **merma del 26.7%** que equivale a 40 kg. Manejando los siguientes promedios de los factores que repercutieron en la obtención del abono orgánico como son **humedad 84.07%, pH 7.0649, temperatura interna 15.417°C y una temperatura ambiente (externa) de 16.569 °C.** Estos factores que intervinieron para el rendimiento del abono orgánico para este tratamiento T1B en la cual podemos decir que fue el mejor con respecto a los demás tratamientos de acuerdo a estos datos obtenidos y así mismo recalcando a que este tratamiento el factor principal fue que no se le agrego mucha agua ya que este estiércol de borrego es muy húmedo en la que retine la humedad favorable.

Mientras en el tratamiento T2C se obtuvo un **rendimiento de abono orgánico de 63.3%** que equivale a 95 kg. Y una **merma del 36.7%** que equivale a 55 kg. De merma, manejando los siguientes factores que repercutieron en el proceso, **humedad 82.20%, pH 7.046, temperatura interna 15.655°C y una temperatura ambiente (externa) de 16.632 °C.** Estos factores intervinieron en el rendimiento del orgánico y así mismo en este tratamiento se agredo más agua debido a que las propiedades pastosas es por ello que no se tuvo un rendimiento idóneo.

Por último se analizó los resultados del tratamiento T3V de vaca en la cual se tuvo un **rendimiento del 68%** que equivale a 102 kg. Y una **merma de 32%** que equivale a 48 kg en la cual se manejaron los siguientes factores como lo son: **humedad 81.40%, pH 7.1264, temperatura interna 15.404°C y una temperatura ambiente (externa) de 16.609 °C.** Estos factores repercutieron en el rendimiento del abono en este tratamiento T3V, recalcando que de igual manera se agregó mucha agua que en el T2C, es por ende que no se logró tener un buen rendimiento con respecto a los demás tratamientos, haciendo hincapié de que se manejaron los factores dentro de lo recomendado para los tres tratamientos.

Para esta última fase se analizaron los resultados obtenidos con las pruebas demostrativas con plantas de rábanos, cebollín, jitomate y zanahoria aplicando los abonos generados, para determinar la efectividad de cada abono generado mediante un análisis de varianza de dos factores pues para ello se dividió en tres variables de respuesta la primera es.

Desarrollo del rábano (peso del tubérculo, peso de la raíz, peso de las hojas en gr) de acuerdo al sustrato empleado, T1B, T2C, 3V Y TESTIGO.

ANOVA de dos factores: Peso vs. Sustrato; Parte rábanos

Fuente	GL	SC	CM	F	P
Sustrato	3	16777.6	5592.5	30.67	0.000
Parte	2	46627.7	23313.9	127.86	0.000
Interacción	6	15285.4	2547.6	13.97	
				0.000	
Error	108	19692.	182.3		
Total	119	98382.8			

Teniendo estos datos se puede decir que si tuvo efecto el tipo de sustrato empleado con respecto a las plantas de rábanos, en la cual sobresale el sustrato de borrego T1B en la cual nos induce a que es mejor debido a que se asimila a la tierra de monte y por ende se obtuvo un mejor desarrollo en tubérculos, raíz y así mismo en el desarrollo de las hojas. Todo esto parámetros se manejaron en gramos.

Y por otro lado en los sustratos empleados de caballo T2C y de vaca T3V se asimilan en el desarrollo los rábanos en cuanto al peso del tubérculo, raíz y las hojas debido a que son similares los sustratos tienen las mismas características, esto intuye en los resultados obtenidos y por ultimo también se consideró un testigo en donde es tierra normal para verificar que efecto tiene con los sustratos empleados, teniendo los resultados de este sustrato se deduce que no tiene muchos nutrientes y eso provoco que no se tuviera el desarrollo deseado.

Continuando con el análisis de resultados con lo que respecta a las pruebas demostrativas pero en esta ocasión con esta segunda variable de respuesta.

Crecimiento en cm de plantas de rábanos, cebollín, jitomate y zanahoria de acuerdo a los sustratos empleados, T1B, T2C, T3V Y TESTIGO.

Teniendo la variable de respuesta se realizó un análisis de varianza de dos factores que a continuación se muestra.

ANOVA de dos factores: altura vs. Sustrato; especie.

Fuente	GL	SC	CM	F	P
Sustrato	3	13333.9	4444.63	668.96	0.000
Especie	3	707.4	235.82	35.49	0.000
Interacción	9	1218.2	135.36	20.37	0.000
Error	144	956.8	6.64		
Total	159	16216.3			

Como se puede observar en el resultado obtenido en cuanto al crecimiento en cm de cada planta el sustrato que tuvo mayor efecto es el T1B de borrego de acuerdo a los resultados obtenidos, esto se debe a que la propiedades de este sustrato tuvieron los nutrientes necesarios para el crecimiento de las plantas.

Por otro lado los sustratos de caballo T2C y el de vaca T3V no se tuvieron el desarrollo idóneo en la que también se asimilan los parámetros obtenidos, esto se debe a que contienen propiedades similares, por últimos considero u testigo el cual es tierra normal, de acuerdo al resultado obtenido se deduce que no tiene efecto esto se debe a la falta de nutrientes necesarios para hacer crecer las plantas.

Para finalizar este análisis de resultados se prosiguió a la última variable de respuesta que a continuación se muestra.

Numero de hojas generadas de las siguientes plantas, rábanos, cebollín, jitomate y zanahoria de acuerdo al sustrato empleado, T1B, T2C, T3V Y TESTIGO.

De acuerdo a la variable de respuesta se obtiene el siguiente análisis de varianza de dos factores que a continuación se muestra.

ANOVA de dos factores: número de hojas. Vs. sustrato; especie

Fuente	GL	SC	CM	F	P
Sustrato	3	511.069	170.356	97.23	0.000
Especie	3	21.319	7.106	4.06	0.008
Interacción	9	15.756	1.751	1.00	0.443
Error	144	252.300	1.752		
Total	159	800.444			

Estos resultados obtenido afirma que si existió efecto de acuerdo al sustrato empleado al número de hojas generadas por cada especie, en está sobresale el sustrato de borrego T1B en donde se generó un mayor número de hojas en cada planta y en cada especie, esto se debe a las propiedades que se tiene este sustrato.

Mientras que en los sustratos de caballo T2C y de vaca T3V los resultados que se obtuvieron varían, poco, esto se debe a que las propiedades de estos sustratos son similares y por ello los resultados arrojados lo demuestran, además se consideró un testigo que está constituido por tierra normal en la que también resulto un sustrato poco efectivo.

CONCLUSIÓN

De acuerdo a los análisis experimentales podemos concluir en este proyecto en la elaboración de abono orgánico a base de lombricomposta de acuerdo a los tres tratamientos manejados, T1B de borrego, T2C de caballo y T3V de vaca, se deduce que para tener una buena caracterización de la lombriz, es mejor emplear estiércol de borrego T1B, ya que es muy pulverizado y que las lombrices lo pueden succionar de manera fácil, así mismo para generar un rendimiento óptimo en cuestión de la generación del abono orgánico es mejor la de borrego porque no se monitorea a diario es decir no se agrega mucha agua en la cual no se genera mucha merma y además no se mueve el estiércol solo cuando se requiere haciendo que las lombrices se muevan de forma normal, recalcando que este estiércol retiene una humedad que los otros tratamientos. Así mismo para la prueba demostrativa con plantas de rábanos en la que se tuvo un desarrollo considerable en cuestión de las partes (tubérculo raíz y hojas), con el tratamiento de borrego T1B en la que demuestra la efectividad de sustrato, mediante el análisis de varianza.

De igual manera se realizó una prueba demostrativa con plantas de rábanos, cebollín, jitomate y zanahoria en dónde se tomó en cuenta el crecimiento en cm y el número de hojas generadas por cada planta y especie, en la cual el tratamiento T1B de borrego nos recalca una vez más la efectividad que contiene esta lombricomposta en la que los demás tratamientos T2C Y T3V no se pudieron alcanzar los parámetros con respecto a este tratamiento de borrego T1B.

Además en las pruebas demostrativas no se utilizaron ningún fertilizante químico haciendo el desarrollo totalmente orgánico, por otro lado los abonos químicos su costo es elevado mientras que los abonos de lombricomposta son la reutilización de desechos orgánicos que se generan en casa, escuelas o en cualquier otro espacio que el ser humano abundé, así se reduce el costo del abono orgánico.

Referencias

García Pérez Rafael e. (2011) universidad autónoma Chapingo, lombriz de tierra como una biotecnología en agricultura.

d. Lahiry, patricia r. Simpson (2005) México, df, conservación del suelo.

Lombricultura y Abonos Orgánicos (1998) Colegio de Posgraduados.

Gutiérrez Pulido Humberto y de la vara Salazar Román, (2004). Análisis y diseño de experimentos. Editorial McGraw-Hill interamericana S.A de C.V, México, 06450, D.F pág. 68-115.

Martínez, p, f, (1984) mejorada de fructificación de tomate en invernadero tesis doctorado. Universidad politécnica Madrid.

http://pendientedemigracion.ucm.es/info/socivmyt/paginas/D_departamento/materiales/analisis_datosyMultivariable/14anova1_SPSS.pdf

HERBICIDA ORGÁNICO

Everardo Miguel Díaz, Izamar García Luna.

Instituto Tecnológico Superior de la Sierra Norte de Puebla, Av. José Luis Martínez Vázquez, No. 2000, C.P.73310, Jicolapa, Zacatlán, Puebla, México.

everardomd2012@gmail.com, izagarlu@hotmail.com

Resumen

Dentro de la agricultura mexicana, el uso de agroquímicos es el principal medio de control de maleza, la falta de información lleva en ocasiones a los agricultores a un uso desmedido de dichas sustancias ocasionando problemas posteriores siendo el más grave la erosión de la tierra. El maíz es el Commodity agrícola que más se produce en el mundo, por su consumo humano, animal y el uso industrial. Por ello el objetivo de esta investigación fue la elaboración de un herbicida completamente orgánico mediante la implementación de productos naturales logrando la inhibición y/o control de las malezas en los cultivos de maíz además de la preservación de las propiedades del suelo y disminución del riesgo de uso.

Palabras clave. Chiltepin, Maíz, Herbicida, Orgánico, Control e inhibición.

Abstract

Within the Mexican agriculture, the use of agrochemicals is the main means of weed control, the lack of information sometimes leads farmers to an excessive use of these substances causing subsequent problems being the most serious erosion of the land. Corn is the agricultural Commodity that is most produced in the world, for its human, animal and industrial use. Therefore, the objective of this research was the development of a completely organic herbicide through the implementation of natural products achieving inhibition and / or control of weeds in corn crops in addition to the preservation of soil properties and reduction of the risk of use.

Keywords. Chiltepin, Corn, Herbicide, Organic, Control and inhibition.

Introducción

En la última década el agricultor mexicano ha experimentado grandes retos para responder ante los constantes cambios en la estructura de comercialización del maíz, los precios, las condiciones climatológicas y el crecimiento demográfico, lo que le ha exigido ser más eficiente y producir más rápido e inteligentemente.

El maíz de grano, base de la dieta de la población mexicana, se siembra en todo el país con un total de 7,600 mil hectáreas sembradas, 500 mil hectáreas siniestradas y 7,100 mil hectáreas cosechadas. En 2015, la superficie con el cultivo fue mayor en 174 mil hectáreas respecto a las del año pasado. Posicionando a México en el lugar 7° en producción mundial. (SIAP- SAGARPA, 2015). El uso adecuado de los herbicidas en estos cultivos es esencial, debido a que disminuye el riesgo de pérdida total o parcial de la producción, además de que evita tres problemas de primer orden como son: intoxicaciones humanas, residuos en alimentos y contaminación del medio ambiente. La falta de información lleva en ocasiones a los agricultores a un uso desmedido de dichas sustancias ocasionando problemas posteriores siendo el más grave la erosión de la tierra. La degradación del suelo, a consecuencia de la erosión, afecta la fertilidad del suelo y en última instancia la producción de los cultivos.

Según Bertoni y Lombardi Neto (1985) las tierras agrícolas se vuelven gradualmente menos productivas por cuatro razones principales: degradación de la estructura del suelo, disminución de la materia orgánica, pérdida del suelo y pérdida de nutrientes.

Zacatlán posee una superficie de 489.3 Km² destinando el 56% de su suelo a la agricultura; se siembra un total de 48,001.49 toneladas de maíz del cual 274.49 toneladas registra pérdida total por malezas y plagas (SIAP-SAGARPA, 2013) además de que se ha presentado una disminución del pH del suelo significativo. A pesar de lo anterior no se ha llevado a cabo ninguna acción que permita la mejora de las cosechas y la conservación del suelo.

Metodología

La metodología de la investigación que se implementó fue un diseño de experimentos de Carlos Sabino 1992.

Etapas

1. Antecedentes
2. Planteamiento del problema
3. Hipótesis
4. Diseño experimental
5. Experimentación y observación
6. Resultados
7. Evaluación de Resultados
8. Conclusiones

Antecedentes

Las malas hierbas son plantas que crecen donde no son deseadas e interfieren con los intereses del hombre (Ashton y Monaco, 1991; Anderson, 1996). El manejo de la maleza es una de las prácticas más antiguas en la agricultura. Sin embargo, debido a que el efecto nocivo de la maleza no es evidente al inicio del desarrollo de los cultivos, en muchas ocasiones no se le otorga la importancia debida y su control se lleva a cabo cuando el cultivo ya ha sido afectado (Rosales et al., 2002). En México se reportan más de 400 especies de malas hierbas, pertenecientes a más de 50 familias botánicas, asociadas a diferentes cultivos (Villaseñor y Espinosa, 1998; Tamayo, 1991). Se estima que el surgimiento de malezas o especies invasoras afecta, en promedio, el 30 por ciento del rendimiento de algunos cultivos; sin embargo, las pérdidas pueden elevarse hasta 70 por ciento e incluso ser totales, advirtió Gloria Zita Padilla, académica de la Facultad de Estudios Superiores (FES) Cuautitlán de la UNAM.

Las principales malezas que hacen presencia en el cultivo de maíz en la región de Zacatlán debido a su clima son: Acahual *Simsia amlplexicaulis*

(Cav.) Pers, Correhuela, Trompillo, Bejuco *Ipomoea spp*, Lengua de vaca *Rumex crispus L.* Zacate Johnson *Sorghum halepense (L), Pers.*

Los herbicidas son usados extensivamente en la agricultura, zonas industriales y zonas urbanas, debido a que si son utilizados adecuadamente controlan eficientemente a la maleza a un bajo costo (Peterson et al., 2001). No obstante, si no son aplicados correctamente, los herbicidas pueden causar daños a las plantas cultivadas, al medio ambiente, e incluso a las personas que los aplican. El suelo dominante en Zacatlán es Andosol (40%), con un PH en un rango de 4.5-6.5%.

Los herbicidas orgánicos están hechos de ingredientes naturales. La maleza tiende a desarrollar menor resistencia a productos naturales que a productos químicos. Su rápida degradación puede ser favorable pues disminuye el riesgo de residuos en los alimentos, presentan una acción más específica y son biodegradables. Varían y actúan rápidamente, solo que el control biológico requiere mucha paciencia y entretenimiento.

La mayoría de estos productos tienen una peligrosidad relativamente baja ya que suelen degradarse fácilmente. Algunos pueden ser usados poco tiempo antes de la cosecha, ya que al degradarse no dejan residuos tóxicos, además de que muchos de estos productos no causan fitotoxicidad.

Planteamiento del Problema

El maíz es el Commodity agrícola que más se produce en el mundo. Debido a sus cualidades alimenticias para la producción de proteína animal, el consumo humano y el uso industrial, se ha convertido en uno de los productos más influyentes en los mercados internacionales. Puebla se ubica entre los ocho principales estados productores de maíz, aportando una oferta de 1.08 millones de toneladas, lo que representa 4.6 % de la producción anual nacional.

El maíz necesita suelos profundos y fértiles para dar una buena cosecha. El suelo de textura franca es preferible para el maíz, esto permite un buen desarrollo del sistema radicular, con una mayor eficiencia de absorción de la humedad y de los nutrientes del suelo, además se evitan problemas de acame o caída de plantas. Los suelos con estructura granular proveen un buen drenaje y retienen el agua, son preferibles los suelos con un alto contenido de materia orgánica.

Hipótesis.

- Los tres tratamientos o procedimientos dan los mismos resultados.
- Los tres tratamientos o procedimientos no dan los mismos resultados.

Desarrollo de la investigación.

Población y Muestra

Al inicio de la Sierra Norte de Puebla se encuentra el municipio de Zacatlán, con una superficie de 512.32 Km², un clima templado subhúmedo, con temperatura anual promedio de 14.5 °C. y una altitud promedio de 2040 msnm, (INEGI, 2010) donde se desarrolló esta investigación.

El maíz es el commodity agrícola que más se produce en el mundo. Debido a sus cualidades alimenticias para la producción de proteína animal, el consumo humano y el uso industrial, se ha convertido en uno de los productos más influyentes en los mercados internacionales. El uso adecuado de los herbicidas en estos cultivos es esencial, debido a que disminuye el riesgo de pérdida total o parcial de la producción, además de que evita tres problemas de primer orden como son: intoxicaciones humanas, residuos en alimentos y contaminación del medio ambiente.

Sin embargo el aspecto que más se desconoce y del cual se abusa más en las tierras agrícolas, es la utilización y manejo de agroquímicos, especialmente de los herbicidas. La falta de información lleva en ocasiones a los agricultores a un uso desmedido de dichas sustancias ocasionando problemas posteriores siendo el más grave la erosión de la tierra. La degradación del suelo, a consecuencia de la erosión, afecta la fertilidad del suelo y en última instancia la producción de los cultivos.

Según Bertoni y Lombardi Neto (1985) las tierras agrícolas se vuelven gradualmente menos productivas por cuatro razones principales:

- Degradación de la estructura del suelo.
- Disminución de la materia orgánica.
- Pérdida del suelo.
- Pérdida de nutrientes.

La estimación de abril del USDA para la cosecha mundial en 2015/16 se ubicó en 972.1 millones de toneladas (mdt), es decir, 3.6% menor que en el ciclo previo. (FIRA, 2016).

Puebla se ubica entre los ocho principales estados productores de maíz, aportando una oferta de 1.08 millones de toneladas, lo que representa 4.6 % de la producción anual nacional.

El suelo dominante en Zacatlán es Andosol (40%), Luvisol (26%), Durisol (16%), Phaeozem (7%), Vertisol (4%) y Cambisol (3%) con un PH en un rango de 4.5-6.5%; a nivel municipal Zacatlán usa el 56% de su suelo para la agricultura, siembra un total de 48,001.49 toneladas de maíz del cual 274.49 registra pérdida total por afectación de fenómenos climáticos o por plagas y enfermedades sólo aplica para cultivos cíclicos. (SIAP-SAGARPA, 2013). En Zacatlán existe gran demanda de agroquímicos ya que la mayoría de las comunidades destinan sus tierras a la agricultura. Por tal motivo esta investigación cumplió con el objetivo de elaborar una mezcla idónea de componentes naturales que actúe como herbicida orgánico para controlar o inhibir el crecimiento de la maleza en el cultivo de maíz.

Tamaño de la Muestra Poblacional

$$n=(Z^2 \, P.Q)/e^2$$
Fórmula 1

Donde n es el tamaño de muestra, Z es el nivel de confianza 1.96, P representa la probabilidad de éxito que en este caso es de 0.5, Q la probabilidad de fracaso 0.5, mientras que e representa el margen de error que es de 0.05. De esta forma la muestra poblacional quedó de 38.4 hectáreas.

Sujeto de la Investigación.

Una vez determinado el tamaño de muestra, y con base en la lista de agricultores, se procedió a localizarlos en sus respectivas localidades para entrevistarlos y conocer más acerca de los cultivos y los cuidados que le daban, fue así como se aprendió a aplicar herbicida químico, se identificaron los tipos de herbicidas y para qué tipo de malezas servían cada uno de estos.

Se aplicaron los tres prototipos en el cultivo de maíz combatiendo principalmente la maleza siguiente: bejuco, lengua de vaca, acahual y pasto. Después de esto se llevó acabo el análisis estadístico para comprobar la hipótesis de que uno de los tres prototipos es benéfico y efectivo para el control de la maleza así como para el beneficio del cultivo de maíz.

Para la primera variable se tomó en cuenta que el pH idóneo del suelo para un cultivo de maíz es de 5.5 a 7.5 (SAGARPA 2016). Se realizó un muestreo de suelo para saber el pH actual de los predios, los resultados se muestran en la ilustración 2. Para la segunda variable se contó con 10 muestras, que fueron el número de veces que se elaboraron los tratamientos, en este caso se tomó 7 como el indicador de un pH idóneo los resultados se muestran en la ilustración 3, para la última variable cuantitativa que era número de días en los que hace efecto se contó con 36 muestras de cada prototipo y se tomó en cuenta desde el día en que la reacción ya era visible, obteniendo los resultados de la ilustración 4. Continuando con la evaluación se plantearon dos variables más cualitativas para las cuales se utilizaron tablas de contingencia que son para el efecto que logra hacer en la maleza y en qué tipo de maleza actúa el herbicida orgánico.

Dentro de las actividades que se llevaron en las visitas a predios se realizaron registros de los herbicidas convencionales más usados en nuestra región para una comparación o aproximación del efecto en la maleza y en el cultivo.

Instrumento de Medición

Bitácora con listas de chequeo.

Resultados y discusiones.

De acuerdo a cada una de las variables manejadas en el año 2016 se aplicaron cerca de 180 litros de herbicida orgánico con tres diferentes ingredientes activos: chiltepín, habanero y ceniza de haya; en poco más de 34 hectáreas sembradas en el municipio de Zacatlán, con el diseño de experimentos realizado se demuestra que existe una diferencia significativa entre los tratamientos evaluando las variables.

- **pH del suelo**: Dando como resultado una variabilidad entre los tres tratamientos y demostrando que uno de los tratamientos mantiene en mejores condiciones el pH del suelo. Siendo el de chiltepín.
- **Días que tarda en hacer efecto**: se demuestra que en la evaluación se tienen un valor de F calculada (99.93) el cual es mayor que 2.259 lo que significa que la variabilidad que existe entre los tratamientos es mayor a la aceptable, por lo que se encuentra fuera de la zona de aceptación de Ho. Demostrando que uno de los tratamientos es más rápido.
- **pH del tratamiento:** El valor de F calculada (0.09) es menor que 3.095 lo que significa que no existe gran variabilidad ya que 0.09 se encuentra dentro de la zona de aceptación en la curva de Gauss lo cual quiere decir que el nivel de pH del tratamiento no afecta.

De igual forma se evaluaron 2 variables cualitativas la primera fue el efecto que lograba hacer cada tratamiento tomando en cuenta tres rangos de secado: Secado total, Secado parcial y Sin secado. La segunda fue en qué tipo de maleza lograba actuar.

Obteniendo los siguientes resultados

Ceniza de haya: 20% Secado Total, 26% Secado Parcial, 44% Sin secado.
Actuando en la maleza: Pasto 10%, Acahual 18 %, Lengua de Vaca 28%,
Bejuco 30%.

Habanero: 9% Secado Total, 53% Secado Parcial, 38% Sin Secado.
Actuando en la maleza: Pasto 20%, Acahual 18 %, Lengua de Vaca 16%,
Bejuco 18%

Chiltepín: 49% Secado Total, 40% Secado Parcial, 11% Sin Secado. Sin
secado.
Actuando en la maleza:Pasto 30%, Acahual 26 %, Lengua de Vaca 24%,
Bejuco 20%

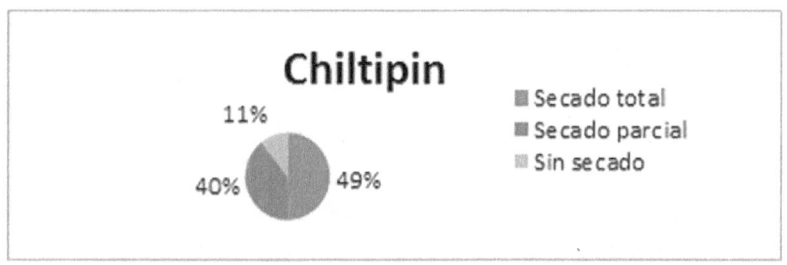

**Ilustración 1 Porcentaje de efecto que hace en la maleza
prototipo de Chiltipín.**

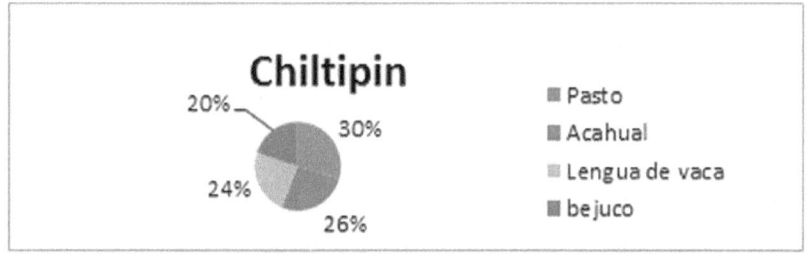

**Ilustración 2 Porcentaje de la maleza en que actúa el
tratamiento de Chiltipin**

Comparando los tres tratamientos en las variables cualitativas se logra observar que el tratamiento de chiltipin actúa con mayor eficacia en las cuatro malezas y con un 49% en un secado total de estas.

Las tablas ANOVA y las gráficas de probabilidad utilizadas indican que existe un tratamiento que da mejores resultados, el cual es el tratamiento de chiltepín ya que su reacción es la más similar a la de un herbicida químico y cumple con los rangos de pH establecidos para un cultivo idóneo.

Conclusiones

Ante un inminente desgaste del suelo y un descontrolado crecimiento demográfico que obliga a los agricultores a producir mayor cantidad de maíz en un menor tiempo se debe considerar el uso de una nueva alternativa para el control de malezas como lo es el herbicida orgánico a base de chiltepín, el cual logra el control e inhibición de las malas hierbas sin alterar ni desgastar más las propiedades de los suelos fértiles. Durante el desarrollo de la investigación los agricultores manifestaron su agrado por el tratamiento seleccionado ya que su aplicación disminuye su costo de producción y el riesgo de uso e intoxicaciones humanas. Por lo tanto es altamente recomendable llevar a cabo una investigación donde se comparen los herbicidas químicos más rentables contra el herbicida orgánico que se ha generado.

Referencias

Agundis M., O. 1984. *Logros y aportaciones de la investigación agrícola en el combate de la maleza.* Publicación especial Núm. 115. SARH-INIA, México.

Anónimo (2004), Secretaría de Agricultura, Ganadería, Desarrollo Rural, Pesca y Alimentación. Servicio de Información y Estadística Agroalimentaria y Pesquera. *Situación Actual y Perspectiva del Maíz en Mexico.*136p.

Anónimo. 2004. *diccionario de Especialidades Agroquímicas* PLM. 14[a] Edicion.Thomson PLM, S.A. de C.V. Versión en CD.

Ashton, F.M. and A. S. Crafts. 1981. *Mode of Action Of Herbicides*. Wiley-Intersciene, New York, NY.525p.

Barraco, M., y M. Díaz-Zorita. 2005. *Momento de fertilización nitrogenada de cultivos de maíz en hapludoles típicos*. CI. Suelo(Argentina) 23: 197-203.

Barrón.S., F.1998. *Manual para producir Maiz. Fundación Produce Tabasco A.C. INIFAP PRODUCE.* Villahermosa. Tabasco. México 20p.

Baumann, P.A., P. A.Dotrary and E. P. Prostko.1998.*Herbicide mode of action and injuty symptomology.* Texas Agriculoture Extension Service. The Texas A&M University System. SCS-1998-07.10p.

Caseley, J.C 1996. Herbicidas. In: Labrada, R,. J.C. Caseley y C. Parker, eds. *Manejo de malezas para países en desarrollo.* Estudio FAO Producción y Protección Vegetal 120.

Caseley, J.C. 1996.Herbicidas. in:Labrada, R., J.C.Caseley y C.Parker(eds). *Manejo de Malezas para países en desarrollo.* Estudio FAO Producción y Protección Vegetal 120. Organización de las Nacionales Unidades para la Agricultura y la Alimentación. Roma, Italia. http: // www.fao.org/docrep/T1147S/t1147s0e.htm#TopOfPage

Cazares Medina, Tomás; Investigador en Ciencia de la Maleza INIFAP – Campo Experimental Bajío, Guanajuato, *MANEJO DE MALEZA EN CULTIVOS BÁSICOS*

CIMMYT (Centro Internacional de Mejoramiento de Maíz y Trigo).1974. *El Plan Puebla: Siete años de experiencia*: 1967-1973. El Batán, México. 127 p.

Congreso General de los Estados Unidos Mexicanos. Febrero (2006), Secretaría de Agricultura, Ganadería, Desarrollo Rural, Pesca y Alimentación; *Ley de productos orgánicos, título sexto de la promoción y fomento capítulo único artículos 38 y 39.*

Congreso General de los Estados Unidos Mexicanos. Febrero (2006), Secretaría de Agricultura, Ganadería, Desarrollo Rural, Pesca y Alimentación; *Ley de productos orgánicos, TÍTULO VI DE LA LISTA DE SUSTANCIAS Y CRITERIOS PARA EVALUACIÓN DE SUSTANCIAS Y MATERIALES PARA LA OPERACIÓN ORGÁNICA ARTÍCULO 264.-*

Damián H. M. A., Artemio Cruz, Benito Ramírez, Dionisio Juárez, Saúl Espinosa, y María Andrade. 2011. *Innovaciones para mejorar la producción de maíz de temporal en el Distrito de Desarrollo Rural de Libres,* Puebla. Primera edición, Código Gráfico, ISBN: 978-607-487-278-1, Primera edición, México. 70 p.